湛庐 CHEERS

与最聪明的人共同进化

U0164898

HERE COMES EVERYBODY

Quantum Physics
A Beginner's Guide

人人都该懂的
量子力学

[英] 阿拉斯泰尔·雷 著　　　傅婧瑛 译
Alastair Rae

浙江教育出版社·杭州

了解日常中的量子力学

2005 年是世界物理年（World Year of Physics），是对爱因斯坦于 1905 年相继发表的三篇划时代论文的 100 周年纪念。这三篇论文中，最有名的应该是第三篇，因为他在这篇文章中提出了举世闻名的相对论，而第二篇则为"物质由原子构成"这一在当时存在争议的观点提供了明确的证据。这两篇论文都对 20 世纪及之后的物理学发展产生了深远影响，然而，真正带领我们走进量子力学时代的，却是爱因斯坦的第一篇论文[①]。

---

① 据现有资料查证，爱因斯坦在 1905 年发表了四篇划时代的论文。按相关内容推断，这里作者提到的应是四篇论文中的前三篇。前三篇论文分别涉及光电效应、布朗运动及狭义相对论等内容。

在这篇论文中，爱因斯坦论述了自己不久前做的一些实验。虽然在很多情况下光被人们认为是以波的形式传播的，但爱因斯坦却在论文中表示，量子（quantum）是指在光束中以波包形式传播的能量。这个明显的悖论引出了波粒二象性（wave-particle duality）概念，并最终引出了著名的或者说"臭名昭著"的"薛定谔的猫"理论。我写作《人人都该懂的量子力学》这本书的目的，就是想向读者介绍量子力学领域具有代表性的一些成果和重大突破。

虽然书中包含了一部分解释物质如何以原子及更小形式运动的内容，但我们的重点还是会放在解释日常生活中的量子力学现象上。很多人并没有意识到，许多现代科技都有着明确的量子力学基础。例如，驱动计算机运转的硅芯片内部的运行机制，以及电流能够通过金属线传导却无法通过绝缘体传导这种现象背后，都包含着量子力学原理。多年来，人们一直担心现代科技会对环境造成不良的影响，尤其是大量二氧化碳排放到地球大气中后导致的全球变暖现象。这种温室效应实际上也是量子力学的一种表现形式，而科学家们正在研究环保技术与之对抗。我们在书里讨论了这些现象，也讨论了量子力学在超导性（superconductivity）材料和信息技术中的应用。在本书的最后部分，我们阐述了量子力学所涉及的一些哲学思考。

量子力学是公认的极度复杂且难以理解的学科，人们普遍认为，一个人只有相当聪明且精通高等数学，才能理解量子力学。然而，量子力学并不是火箭科学（rocket science）。我们可以利用波粒二象性的概念，在不需要掌握太多数学知识，或者说不需要具备任何高等数学能力的前提下，就能理解很多重要的量子力学概念。因此，本书基本不包含高等数学的内容，不过对于一些观点，我们会用数学专栏做出补充说明。我们只会用到基础的数学知识，这些都是很多读者上学时就会学到的知识，即便忽略这些内容也不会影响对书中观点的理解。此外，这本书的目标是引领读者了解量子力学，而不是仅仅用一些惊人的量子力学结果来让大家留下印象。出于这个原因，我们适当地使用了一些图片或表格，我们建议读者结合文字对此进行认真的研究。书中不可避免地会出现各种专业术语，我们也在本书最后提供了术语表。一些读者可能已经对物理学有了一定的了解，所以会注意到书中对一些观点做了简化处理。对入门级别的图书来说，简化处理不可避免，但我希望并且相信，这样的简化不会造成模型或论点的使用错误。

我要感谢伯明翰大学里我曾经的学生和同事们，我在那里教了30 多年物理学，我要感谢他们给了我机会，拓展并深化了我对物理学的了解。维多利亚·罗达姆（Victoria Roddam）和 Oneworld 出版公司表现出了足够的耐心，但也给我施加了必要的压力，我虽然没有按时交付稿件，但也没有拖延太久。我还要感谢安和我的其他家人，感谢他们的耐心和包容。最后，我会对书中的任何错误或不准确描述负责。

你对量子力学了解多少?

扫码鉴别正版图书
获取您的专属福利

- 不属于量子力学领域核心概念的是（　　）

  A. 量子隧穿

  B. 波粒二象性

  C. 波与粒子

  D. 摩擦力

你对量子力学了解多少?
扫码获取全部测试题及答案。

- 某些物质冷却到低温状态后，其中的电阻会突然消失，这种现象被称为（　　）

  A. 量子退相干现象

  B. 超导现象

  C. 封闭现象

  D. 干扰现象

- "薛定谔的猫"是关于什么理论的思想实验?（　　）

  A. 大统一理论

  B. 万有引力理论

  C. 量子理论

  D. 物质守恒理论

扫描左侧二维码查看本书更多测试题

CONTENTS
目 录

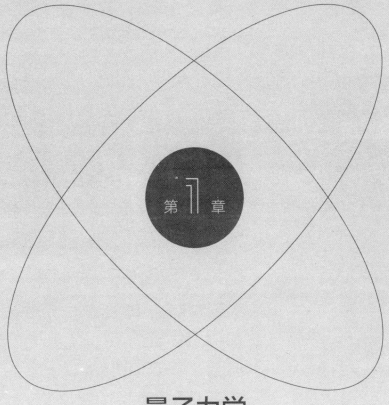

第 1 章

量子力学
并非火箭科学

近年来，"火箭科学"已经成为极度复杂的事物的代名词。火箭科学家需要对用于制造航天器的材料的性质有深入的了解，也需要了解为火箭提供动力的燃料所具有的潜能和危险性，还需要深入了解行星和卫星在重力作用下的运行原理。若要对比难度，量子力学与火箭科学不相上下；可若想深度理解众多量子现象背后的原理，即便对很多博学多识的物理学家来说，也是不小的挑战。物理学界很多聪明的科学家都致力于解答如下未解之谜：如何用量子力学解释黑洞内部存在着巨大引力，而这种引力在宇宙的早期演变中起着至关重要的作用。

然而，量子力学的基本理念并非火箭科学，理解量子力学的难点更多地在于我们对它的陌生感，而不是因为它真的那么难以理解。我们必须抛弃从现实观察和经验中获得的关于世界运行方式的一些认知，一旦抛弃了这部分认知，再用理解量子力学所需的新概念取而代之，接下来我们需要做的就是一些想象力的练习，而非对智慧的锻炼。此外，无须具备专业级别的复杂数学分析能力，我们也可以理解量子力学的基本原理在日常生活中的作用。

量子力学的理论基础非常独特，也让人觉得很陌生，对它的解读至今仍存在争议。不过，我们会把对这个问题的大部分讨论放到最后一章进行，因为这本书的主要目的是帮助读者理解如何用量子力学对众多自然现象做出解释，比如类似原子形态的物质如何运动，再比如解释我们在现实世界中熟悉的众多自然现象。我们会在第2章中讨论量子力学的基本原理，我们会发现，物质的基本粒子与足球、谷粒或者沙子这些日常物体不同，有时这些基本粒子会像波一样运动。这种波粒二象性现象在决定原子以及它们内部的"亚原子"（subatomic）世界的结构和性质时起到了至关重要的作用。

我们将从第3章开始讨论以下问题：量子力学的基本原理在我们熟悉且重要的现代生活中起到了怎样的基础性作用？第3章的标题为"能量背后的量子力学"，讲述了量子力学如何成为现代社会众多动力来源的理论基础。我们在这一章里还会讨论温室效应，这个在控制地球温度、保护地球环境中具有重要意义的效应，本质上也与量子力学有关。虽然现代科技的发展在很大程度上导致了温室效应，进而导致了全球变暖，但量子力学在开发用于对抗温室效应的一些绿色技术中还是起到了很大作用。

在第4章里，我们将了解波粒二象性在一些宏观现象中的表现。比如说，量子力学解释了为什么一些金属材料可以导电，而绝缘体材料则可以完全阻断电流。第 5 章讨论了性质介于金属和绝缘体之间的半导体（semiconductors）的物理结构。我们会发现，量子力学在这些材料的结构和性质中起到了重要作用，而这些材料也被用于制造硅芯片。硅芯片是构成现代电子设备的基础，而电子设备则在现代世界信息及通信技术中发挥着核心作用。

在第 6 章中，我们将会了解超导现象，量子特性以一种极为夸张的方式得以展现：大量的量子现象导致材料阻断电流的能力彻底消失。最近开发的一种新的信息处理技术与量子现象也存在特定的联系，我们会在第 7 章对此进行讨论，我们可以使用量子力学传输信息，而未经授权的人将无法读取这些信息。我们还会了解到，人类已经制造出了"量子计算机"（quantum computer），其运算速度会比日常使用的计算机快上几百万倍。

在第 8 章中，我们将回到如何解读并理解量子力学独特概念的问题上，同时引入一些在量子力学领域仍然存在争议的话题。第 9 章则致力于将所有内容整合在一起，对这个学科的未来发展做出一些猜想。

读者可以看到，这本书的大部分内容都在讲述量子力学对我们日常生活的影响，因此，我们讨论的是现实中出现在我们眼前的量子力学现象，而不仅仅是只存在于理论中的量子力学。例如，虽说量子力学是理解原子内部结构的关键，但很多时候，原子本身也遵循规范的日常物体运动的物理学原理。所以，气体中的原子会四处运动，像小球一样撞到容器壁上，或者互相碰撞。与此形成对比的是，当几个原子结合在一起形成分子时，它们的内部结构就会由量子定律决定，而这些定律直接决定着分子的某些重要特性，比如一些分子具有在温室效应中吸收并重新散发辐射的能力（见第 3 章）。

在本章中，我会对理解后续章节所需的概念做出解释。首先，我会对量子力学出现前形成的一些数学和物理的基本概念进行定义。其次，我会回顾一些 19 世纪的科学发现，尤其是和原子本质有关的发现。这些发现表明我们的思维需要进行革命性的改变，而这个改变就是后来的量子力学。

数　　学

对很多人而言，数学是阻碍他们理解科学原理的重大障碍。过去的 400 多年中，数学一直是物理学的官方语言，没有数学，我们很难真正地理解物理学。为什么会这样？其中一个原因在于，物理学很大程度上是遵循因果关系的科学。然而我们会发现，这种因果关系在量子力学语境中会在一定程度上被打破。人们一般会运用数学方法分析因果关系，举个非常简单的例子，数学中的"2+2=4"意味着，如果我们将 2 个物体和另外 2 个物体组合在一起，我们应该得到 4 个物体。再举一个更复杂的例子，一个苹果从树上掉到地上，假如我们知道苹果的初始高度以及所受重力的大小，我们可以运用数学知识计算出苹果落地需要多长时间。这个例子证明了数学在科学研究中的重要作用，因为科学研究的目的是预测一个物理系统未来的运动，同时还要将预测结果与测试结果进行对比。预测结果与测试结果是否吻合，决定了我们到底应该肯定还是否定某个基本理论。为了进行严谨的测试，我们就必须用数的形式呈现出自己的计算结果和最终测试结果。

为了进一步说明上述观点，读者可以思考接下来的这个例子。假设现在是晚上，三个人各自提出了关于太阳是否会重新出现以及在何时重新出现的理论。艾伦说，按照他的理论，太阳会在未来某个时间点出现。鲍勃说，太阳会重新升起，在那之后的夜晚和白天有规律地交替出现。凯茜提出了一个数学理论，预测太阳将在凌晨 5 时 42 分升起，随后白天和夜晚将有规律地以 24 小时为周期循环出现，每天太阳都会在可预测的时间升起。

接下来，我们观察一下实际情况是怎样的。如果太阳确实在凯茜预测的时间升起，那么三个理论就都得到了证实。我们更有可能相信凯茜的理论，这是因为如果太阳在其他时间升起，凯茜的理论就会遭到否定，或者说被证伪，而艾伦和鲍勃的理论依然成立。正如哲学家卡尔·波普尔（Karl Popper）所说，正是这种可证伪性，才是物理学理论发展的最大动力。我们无法从逻辑角度确定某些观点是否正确，但是这些观点通过的检验越严格，我们对其的信心就会越强。想证明鲍勃的理论错误，我们必须观察太阳是否升起，只有太阳在不同日期、不规律的时间升起时他的理论才是错误的。至于艾伦的理论，只有太阳再也不升起时才是错的。

一个理论的说服力越强，原则上我们就越不容易发现其谬误，而如果没能找到谬误，我们就越有可能相信这个理论。相反，一个完全不能被证伪的理论通常被视作"形而上学"或违反科学原理。

为了形成可以做出精准预测的科学理论，比如确定太阳升起的具体时间，我们需要尽可能精准地对数值做出测量和计算，而这会不可避免地涉及数学。一部分量子计算的结果便是如此，也就是用数学计算极为精确地预测可测量的数值。然而更多时候，我们在量子力学中的预测却更像是鲍勃提出的理论，我们是对一种行为模式进行预测，而不是预测准确的数值。这虽然也涉及数学，但我们一般不必进行预测准确数值所需的复杂计算，与此同时，我们又能做出可检验的预测，当预测通过检验后，我们就会对自己提出的理论更有信心。我们将在这本书里看到好几个预测行为模式的案例。

我们所需的数学计算量，很大程度上取决于研究系统的复杂与细致程度。如果选择合适的案例，我们一般可以用非常简单的运算解释清楚相当复杂的物理概念。我们会尽量将本书涉及的数学问题限制在算术和简单的代数上，但是，因为我们的目标是描述现实世界中的物理现象，所以有时我们不得不使用一些更高层次的数学分析方法，才能对一个问题做出完整的解释和讨论。讨论上述问题时，我们会尽量避免使用复杂的数学概念，但会大量使用图表，读者需要结合文字认真研究。此外，有时我们只会简单地陈述结果，所以希望读者做好心理准备，相信我们给出的答案。我们在与正文相区别的"数学小课堂"专栏里列出了一些与讨论有关的、简单明了的数学知识，尽管不看这部分内容读者也能理解书中的观点，但愿意了解数学的读者可能会觉得这些内容既有趣又有用。下面的"数学小课堂 1-1"是本书的第一个数学专栏。

数学小课堂
1-1

本书涉及的数学知识是大多数读者上学时就会学到的，可由于缺少练习，有些内容很容易被遗忘。所以尽管有可能冒犯数学基础好的读者，但我们还是在这个专栏里列出了一些将会用到的基本数学概念。

其中的一个核心概念就是等式，比如：

$$a = b + cd$$

在代数中，一个字母代表一个数，两个写在一起的字母意味着两个数相乘。举个例子，如果 b 是 2，c 是 3，d 是 5，那么这个等式就是 2+3×5=17。

次方：如果把一个数（假设为 x）和它自身相乘，我们可以称之为这个数的平方或者 2 次方，写为 x^2。三个相同的数相乘则是 x^3，以此类推。我们也会看到负次方，也就是 $x^{-1}=1/x$，$x^{-2}=1/x^2$，以此类推。

我们在物理学中可以举出一个等式的例子，那就是爱因斯坦提出的著名公式：

$$E = mc^2$$

在这个公式里，E 为能量，m 为质量，c 为光速，这个等式在物理学上的意义就是，一个物体包含的能量等于其自身的质量与光速的平方的乘积。等式意味着等号左右两边永远相等，如果我们在等号两边进行相同的操作，那么等式依然成立。所以，如果我们把上面的公式的两边均除以 c^2，我们就会得到：

$$E/c^2=m \text{ 或者 } m=E/c^2$$

我们可以看到，符号"/"表示除法，当我们将等号左右两边互换时，等式依旧成立。

经典物理学

如果说量子力学不是火箭科学，我们同样可以说，火箭科学也不是量子力学。这是因为，太阳、行星以及火箭和人造卫星的运行轨迹，均可以用牛顿和其他科学家在两三百年前提出的经典物理学公式进行极其精准的计算①，而那时，量子力学理论尚未出现。因为在很多人们熟悉的环境中，量子效应微小到可以忽略不计，所以直到 19 世纪末，人们才意识到量子力学的重要性。讨论量子力学时，我们会将量子力学出现之前的物理学知识称为"经典物理学"。"经典"（classical）这个说法被用在多个科学领域，指的是"在我们讨论的主题得到广泛认可前被人们熟知的事物"，所以这本书里的经典物理学指的就是量子力学革命发生前的物理学知识。早期的量子物理学家非常熟悉经典物理学理论，他们在建立新的理论概念时也会使用经典物理学理论。我们会仿照他们的做法，简短地对后面讨论所需的经典物理学理论进行讲解。

单　　位

用数表示物理数量时，我们肯定会用到单位。例如，我们可能会用千米衡量距离，在这种情况下，距离单位就是"千米"；如果我们用小时计量时间，那么时间的单位就是"小时"；等等。所有科学研究中使用的标准度量系统被称为"国际单位制"，或者简写为"SI"。在这个系统中，长度单位是"米"（简写为 m），时间单位是"秒"（简写为 s），质量单位是"千克"（简写为 kg），电荷量单位是"库仑"（简写为 C）。

---

① 不过，当火箭科学家研发新的建造材料或燃料时，他们用到的概念及原理都直接或间接地依赖量子力学。详见本书第 3 章。

　　早在 18 世纪末、19 世纪初确立公制单位时，质量、长度和时间这些基本单位就获得了定义。最初，米的定义是经过巴黎的经线从极点到赤道距离的 $1/10^6$；秒的定义是平均太阳日的 $1/86\,400$；千克则是 1 立方米纯净水质量的 $1/1\,000$。随着人类能够越来越精确地测量地球的尺寸及运动，上述定义也逐渐引发了一些问题，因此我们需要对这些标准值做出调整。19 世纪末，米和千克分别被重新定义为"一根标准铂金棒两端之间的距离"和"一块特定铂金块的质量"。这两个标准物被安全地存放在巴黎附近的一个标准档案馆中，而尽量按照原物制造的"次级标准"则被分发给各国机构。

　　秒的定义在 1960 年得到了修改，以一年的平均时长为确定标准。随着原子测量的精确度越来越高，基本单位也被重新定义。如今，秒指的是铯原子基态在两个超精细能级间跃迁过程中所发射的辐射振荡周期的 $9\,192\,631\,770$ 倍[①]，米则是光在 $1/299\,792\,458$ 秒中行进的距离。这种定义的优点在于，人们可以在地球上的任何地方独立复制这些标准。然而，人们对千克尚未达成类似的共识，所以千克的定义仍然沿用法国标准局（French Bureau of Standards）确立的标准[②]。我们在实验室、厨房和其他地方使用的质量标准值均源自它们与标准质量的对比，而标准质量也是与其他质量对比后得出的结果，以此类推，我们最终都会回归巴黎标准。

———————————

[①]　稍后我会在本章及下一章里讨论能级和跃迁问题。
[②]　千克已被重新定义为对应普朗克常数为 $6.6260701475\times10^{-34}$ J·s 时的质量单位。——编者注

电流的标准单位是安培，1 安培相当于每秒 1 库仑电量。安培本身也被定义为两根相距 1 米的超精细平行导线间产生特定大小磁力所需的电流[1]。

其他物理学的计量单位均源自以上四个单位。因此，一个运动物体的速度就是用移动的距离除以花费的时间，所以对应 1 米除以 1 秒的单位速度就记作 $m \cdot s^{-1}$。注意这个符号，它是从数学中用来表示乘方的符号（见"数学小课堂 1–1"）改编而来的。有时，一个推导出来的单位也会有一个专有名称，能量是质量乘光速的平方，所以能量单位可以表示为 $kg \cdot m^2 \cdot s^{-2}$。不过这个单位现在被称作"焦耳"（joule，缩写为 J），这是以一位 19 世纪的英国科学家的名字命名的，因为他发现热也是一种能量形式。

研究量子力学时，我们面对的数量级与日常生活相比通常极其微小。为了处理非常大或非常小的数值，我们通常遵循以下惯例，将它们写成数字与 10 的次方相乘的形式。在 10^n 中，n 是一个正整数，表示数字 1 后面有 n 个零，所以 10^2 等于 100，10^6 等于 1 000 000；而 10^{-n} 的意思则是小数点后有 n–1 个零，所以 10^{-1} 等于 0.1，10^{-5} 等于 0.000 01，10^{-10} 等于 0.000 000 000 1。一部分 10 的次方有专有的符号，比如"毫"（milli）指的是 1/1 000，所以 1 毫米就是 10^{-3} 米。我们会在书中出现类似缩写时做出对应的解释。

---

[1] 安培已被重新定义为 1s 内通过导体某一横截面的 $(1/1.602\ 176\ 634) \times 10^9$ 个电子移动所产生的电流强度。——编者注

物理学中也会出现非常大的数，常见的一个例子就是光速，其数值为 $3.0\times10^8 m \cdot s^{-1}$，而基本量子常数，即普朗克常数（Planck's constant），其数值约为 6.6×10^{-34}。需要注意的是，为了避免出现一长串数字让文章显得冗杂，我会在全书中将这些常数保留到小数点后一位。但我们需要注意，如今最基本的常数通常已经精确到小数点后 8 位到 9 位，而且科学家也进行了很多重要试验，在达到上述极高的精确度的基础上对比了试验测量值和理论预测值，具体可见本书第 2 章的"数学小课堂 2–7"里的例子。

运　　动

无论是经典物理学还是量子力学，其中很大一部分的研究都与运动中的物体有关，因此我们用到的一个最简单的概念就是速率（speed）。对于匀速运动的物体，它的速率就是它在 1 秒内移动的距离，该距离以米为单位计算。如果一个物体的运动速率发生改变，那么这个物体在特定时间段内的速率，就是它保持运动速度不变时在 1 秒钟内移动的距离。任何坐过汽车的人对这个概念都不会感到陌生，只不过汽车的速率单位一般是千米 / 时而已。

与速率密切相关的另一个概念是速度（velocity）。人们在日常生活中会把这两个词当作同义词，但两者在物理学中却存在明显区别：物理学中的速度是一个矢量（vector），不仅包括数量，而且带有方向。因此，一个速率为 $5m \cdot s^{-1}$ 的物体从左向右移动，它就拥有

5m · s^{-1} 的正速度，而以同样速率从右向左移动的物体则拥有 -5m · s^{-1} 的负速度。当一个物体的速度发生变化时，变化的比例就是加速度（acceleration）。比如说，一个物体的速率在 1 秒钟内从 10m · s^{-1} 变为 11m · s^{-1}，速率的变化为 1m · s^{-1}，那么它的加速度就是 1m · s^{-2}。

质　量

牛顿将一个物体的质量定义为其所含物质的数量，这自然引出了"物质是什么"或者"其数量如何测量"这样的问题。问题在于，尽管我们可以用更为基础的量去定义某些数量，比如用距离和时间定义速率，可有些概念同样非常基础，如果只采用基础量定义的方法，就会带来循环定义。为了避免这种情况，我们可以有技巧地对上述数量做出定义，也就是说，我们可以描述它们做了什么，比如它们的运行方式，而不是描述它们是什么。所以在描述"质量"这个概念时，我们可以用"一个物体在重力作用下所受到的力"对其做出定义。因此，将两个质量相等的物体放在地球表面的同一点时，它们会受到相同的力，我们也就可以用天平对比两个物体的质量[1]。

能　量

我们会在后面经常提到"能量"这个概念。例如，运动着的

---

[1] 读者可能已经知道了"质量"与"重量"的区别：重量指的是作用在地球表面的物体上的力，在地球的不同位置，重量会出现变化。不过，假设我们在同一个地方进行测量，我们也可以通过重量比较质量。

物体所具有的能量称为"动能"(kinetic energy),动能是由物体的质量乘上其速率的平方再除以 2 之后计算出来的(见"数学小课堂 1-2"),因此动能的单位为焦耳,即 $kg \cdot m^2 \cdot s^{-2}$。还有一种重要的能量形式是"势能"(potential energy),这与施加在物体上的力有关。例如,一个物体距离地面的高度越高,其与重力相关的势能就会按比例增加。重力势能的计算方式是用物体的质量乘其高度,再乘重力加速度。这三个数量的单位分别是 kg、m 与 $m \cdot s^{-2}$,所以势能的单位就是 $kg \cdot m^2 \cdot s^{-2}$,与动能相同。因为不同形式的能量可以互相转化,所以这个结果并不出人意料。

数学小课堂 1-2

为了定量地表达能量的概念,我们首先要用数表达动能和势能,然后将两者相加得出能量总和。我们在前面将一个运动物体的动能确定为其质量与速率的平方的乘积的一半。如果我们用字母 m 代表质量,用 v 代表速率,用 K 代表动能,就会得出以下公式:

$$K = \frac{1}{2}mv^2$$

当一个物体落到地面时,它的势能就是质量 m、高度 h 和重力加速度 g 这个常量的乘积,其数值接近 $10m \cdot s^{-2}$。我们用 V 表示势能:

$$V=mgh$$

那么总能量 E 可以表示为：

$$E=K+V=\frac{1}{2}mv^2+mgh$$

假设这个物体的质量为 1kg，从距离地面 1m 高的地方落下。在落下的瞬间，这个物体的动能为零（因为物体还没开始移动），势能为 10 J。落到地面时，这个物体的总能量仍为 10 J（因为能量守恒），但势能却变成了零。这时，这个物体的动能必须为 10 J，而这意味着它的速度约为 $4.5\ \mathrm{m\cdot s^{-1}}$。

量子力学和经典物理学均遵循一个极为重要的原则，那就是"能量守恒定律"（law of conservation of energy）。这个定律表明，能量既不能被创造，也不会被消灭。能量可以从一种形式转化为另一种形式，但能量的总量永远保持不变。我们可以通过物体在重力作用下下落这个最简单的物理过程来解释这个定律。假设我们拿起一个物体后松手，我们会发现这个物体在坠落过程中的速度越来越快。在这个物体的移动过程中，它的势能越来越少，而速率和动能不断增加。在任何一个时间点，这个物体的总能量保持不变。

现在我们思考一下，这个物体落到地面上时会发生什么。假设这个物体没有反弹，它的动能和势能均变为零，那能量去哪儿了？

答案就是，这些能量转变为热能，加热了周围的地面。如果只是日常生活中的物体，这种变化带来的影响就非常微小；可当大型物体下落到地面时，它就会释放出巨大的能量。比如说，人们认为几百万年前陨石撞击地球导致了恐龙灭绝。能量的其他形式还包括电能（我们很快就会谈到这个话题）、化学能，以及爱因斯坦在著名的公式 $E=mc^2$ 中提出的质能。

电　　荷

经典物理学中有两种主要的势能。其中一个是我们前面提到的重力势能，另一个则是电能。电也经常和磁联系在一起，被称为"电磁"（electromagnetism）。电荷是电学中的一个基本概念，和质量一样，电荷也是一个还不能用更基础的概念定义的量，所以我们也再次有技巧地对其做出定义。

两个带电物体会对彼此施加力量。如果两者的电荷同为正或同为负，那么这股力量就会互相排斥，将两个物体推离彼此；如果两者的电荷一个为正、一个为负，两个物体就会互相吸引，拉近彼此的距离。以上两种情况下，如果物体被释放，它们就会获得动能，电荷同为正或同为负时，两个物体就会相互排斥，电荷相反时则会相互吸引。

为了保证能量守恒，两个电荷相互作用时一定存在势能，当同种电荷聚集在一起或相反电荷分离时，势能会变大。我们在"数学小课堂 1–3"中列出了更多细节。

数学小课堂
1-3

两个距离为 r 的电荷 q_1 和 q_2 相互作用时，其势能的数学表达就是：

$$V=kq_1q_1/r$$

其中 k 是一个常量，其数值为 $9.0 \times 10^9 \, \text{J} \cdot \text{m} \cdot \text{C}^{-2}$，势能的单位为 J，电荷的单位是 C，距离的单位为 m。我们可以看到，当两个电荷彼此接近时，r 的数值会减小，如果两个电荷同为正或同为负，那么 V 就会变大；相反，如果 q_1 和 q_2 一个为正、一个为负，那么 V 就会变小。

电　场

当两个电荷相互作用时，其中一个电荷会对另一个施加作用力，两个电荷因此都会开始移动。如果两个电荷同为正或同为负，那么这两个电荷会互相远离；如果是一正一负，那么这两个电荷就会互相吸引。这里自然会出现一个问题，一个电荷怎么知道位于一定距离外的另一个电荷是正还是负？为了回答这个问题，物理学家提出了一个假设，也就是一个电荷会在空间中创造出"电场"（electric field），进而对另一个电荷产生力的作用。"电场"因此成为又一个需要用技巧性方法进行定义的基本概念，就像我们在前面提到的质量和电荷一样。科学家进行了一些实验来证明这些概念的存在，在这些实验中，两个电荷最初保持静止，随后移动其中一个电荷。实验发现，施加给另一个电荷的力并没有立刻发生改变，而是在一段时间后才发生变化，这段时间的长短相当于光经过两个电荷之间距离所需的时间。这意味着由移动粒子制造出的电场需要一定的响应时间，电场中接近移动电荷的部分会比远离电荷的部分更早地发生改变。

电荷移动时，不仅会使电场发生改变，还会创造出"磁场"（magnetic field）。关于磁场，我们熟悉的例子包括由磁铁以及由地球创造出的磁场，地球的磁场控制了指南针的指向。因电荷移动而产生的电场和磁场在空间中以电磁波的形式传播，而电磁波的一种表现形式就是光波，我们会在第 2 章中详细讨论这个问题。

动　量

一个运动着的物体的动量由其质量及速度决定，因此，一个缓慢运动的重物所拥有的动量，可能和一个快速移动的轻物相同。当两个物体相撞时，和我们在前面提到的能量守恒定律一样，两个物体的总动量保持不变，这样动量才能守恒。不过动量和能量存在一个重要的区别，动量是一个矢量，就像我们之前提到的速度，既有方向又有数量。当我们把球扔到地上时，这个球会以大约相同的速率向上反弹，其动量会出现正负变化，所以总的动量变化等于其最初动量数值的两倍。假设动量守恒，那么上述改变一定会发生在某个地方。科学家给出的答案是动量被地球吸收，地球的动量在相反方向发生了同等数量的变化。可由于和小球相比，地球过于庞大，所以地球因为动量改变而发生的速率变化十分微小，在现实中几乎无法测量。动量守恒的另一个例子是两球相撞，比如斯诺克台球桌上的碰撞，如图 1–1 所示。我们可以看到，同时具有方向和数量两个属性的动能是如何守恒的。

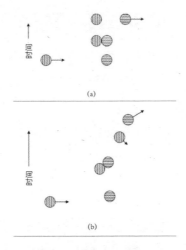

图 1–1　斯诺克台球相撞

注：在图 1–1（a）中，我们可以由下向上观察，在最下方，左边的球从左边靠近静止的球。随后看中间位置的图，两球相撞，动量从左边的球转移到了右边的球。在最上方，右边的球向其他方向滚动，左边的球静止不动。

图 1–1（b）中的碰撞并非面对面的碰撞，相撞后总动量分散在两球上，两个球分别移动。从左向右移动的过程中，两个球分别同时向上或向下移动。与上下运动有关的总动量为零，因为一个球向上移动，另一个球向下移动，两个球从左到右运动的总动量与左边第一个球的初始动量相等。注意，箭头的长度和方向表明了每个球的速度。

温　度

　　温度在物理学中具有重要意义，因为温度被人们用来衡量与热量有关的能量。我们很快就会讲到，所有物质均由原子组成。比如房间中的空气，因为始终处于运动状态，因此具有动能。气体的温度越高，其平均动能就越大，如果我们给气体降温，分子的运动就会变慢，动能也会减少。如果继续给气体降温，最终会达到一个临界点，分子会彻底停止移动，气体的动能和温度也都会降为零。这个临界点就是"绝对零度"，约为 –273℃。固体与液体中的原子和分子同样会进行热运动，不过其具体运动方式有着明显的区别，例如，固体中的原子会紧紧围绕特定的点振动。不过，在任何情况下，这种热运动都会随着温度的降低而慢慢减少，并且会在接近绝对零度时完全停止①。

　　我们使用"绝对零度"的概念来定义"热力学温标"（旧称绝对温标）。这个温标里的温度值与摄氏温标相同，但这里的零度对应的是绝对零度。这个温标上的温度被称作"热力学温度"（旧称绝对温度）或"开氏度"（简写为K）。开氏度以物理学家开尔文勋爵（Lord Kelvin）的名字命名，他为这一领域的发展做出了重大贡献。因此，绝对零度也就是 0 K，约为 –273℃，20℃ 的室温等于 293 K；水的沸点是 100℃，约为 373K，以此类推。

---

① 想达到绝对零度几乎是不可能的，但我们可以无限接近它。一些专门的实验室已经创造出了最低 10^9K 的温度。

初窥量子物质

19 世纪后半叶，当科学家发现他们无法说明一些刚刚发现的现象时，他们需要一套全新的物理学基础性概念，才能对新的发现做出解释。其中一部分新发现的现象源自对光及相似的辐射的深入研究，这个问题我们留在下一章再做讨论，而其他新发现则源自对物质的研究，以及"物质由原子组成"这一认识。

原　　子

古希腊的哲学家已经开始思考，物质能否被分割为越来越小的部分，直到每一部分小到不能再分割为止。这些想法在 19 世纪发展起来，人们在那时意识到，不同的化学元素的性质不同，是因为特定化学元素的原子构成完全相同，而不同化学元素的原子构成存在差别。因此，一个只存有氢气的容器里只有一种原子，也就是氢原子，一块碳也只由另一种原子，也就是碳原子组成，其他物质均可以此类推。通过各种方式，比如对气体性质的深入研究，科学家可以估算出原子的大小与质量。不出所料，和日常物体相比，原子的数量级非常小：一个原子的直径大约只有 10^{-10} 米，质量介于 10^{-27} 千克（一个氢原子的质量）和 10^{-24} 千克（一个铀原子的质量）之间。

尽管原子是含有特定元素性质的最小物质，但原子同样存在内部结构，它们由一个原子核和众多电子组成。

电　　子

电子是最早发现的基本粒子，质量比容纳它们的原子轻得多，一个电子的质量略低于 10^{-30} 千克。电子是"点粒子"（point particle），这意味着它们的大小为零，换句话说就是质量太小，在迄今为止的任何实验中都无法测量电子的大小。所有电子均带有一个负电荷。

原　子　核

原子的几乎全部质量都集中在比原子本身小得多的原子核上，一般来说，原子核的直径为 10^{-15} 米，是原子直径的 $1/10^5$。原子核带有正电荷，正电荷的数值等于原子所带所有电子的总电荷数，因此原子不带电，或者说是电中性的。我们知道，原子核可以进一步被分成一些被称为"质子"的正电荷粒子，以及一些不带电的"中子"。质子带有正电荷，其数值与电子所带的负电荷相等；中子与质子的质量极其接近，但并不完全相等，两者的质量差不多都是电子质量的 2 000 倍。例如，氢的原子核中包含一个质子，但没有中子；碳的原子核中包含 6 个质子和 6 个中子；铀的原子核里含有 92 个质子、142～146 个中子，详见后文的"同位素"（isotope）的内容。当我们说到组成原子核的其中一个粒子，但又不想明确指出是质子还是中子时，我们会采用"核子"（nucleon）这种说法。

核子和电子不同，核子不是点粒子，而且本身存在内部结构。每个核子均由三个被称作"夸克"（quark）的点粒子构成。科学家目前已经在原子核中发现了两类夸克，分别称作"上夸克"和"下夸克"，不过我们没必要为这些称呼附加什么物理意义。上夸克和下夸克分别带有 +2/3 和 −1/3 的电荷，而质子由两个上夸克和一个下夸克组成，其总电荷数即为质子所带的电荷；中子则由一个上夸克和两个下夸克组成，其总电荷数为零。因为中子或质子中的夸克紧紧围绕在一起，所以几乎在任何时候，都可以把核子看作一个单一粒子。中子和质子之间的相互作用不那么强烈，但仍然比电子和它们之间的相互作用强得多，这意味着在考虑原子的结构时，我们基本可以无视其内部结构，而把一个原子核看作单一粒子。我们用氦原子进行解释说明，如图 1−2 所示。

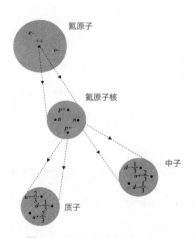

图 1−2　氦原子内部结构示意图

注：氦原子由一个原子核和两个电子组成。其原子核包含两个质子和两个中子。需要注意的是，图中所示的电子在原子中的位置、核子在原子核中的位置以及夸克在核子中的位置只用来说明结构，并不一定代表现实情况。

同位素

原子的性质主要是由外层电子数及原子核中的电荷数决定的。不过我们在前面也提到过，原子核中还有一些不带电的中子，中子增加了原子核的质量，但不会对原子核的性质带来太多改变。如果两个或两个以上的原子不仅拥有相同数量的电子，并且也拥有相同数量的质子，但拥有的中子数量不同，这样的原子就被称为"同位素"。比如氘，它的原子核中含有一个质子和一个中子，所以它是氢的同位素。在自然界中，每 7 000 个氢原子中大约有一个是氘。

每种元素的同位素数量各不相同，而且元素越重，即拥有越多的核子，同位素就越多。自然界中最重的元素是铀，铀有 19 种同位素，每一种都含有 92 个质子。其中最常见的是铀 238，它含有 146 个中子，在第 3 章提及的核裂变中使用的同位素是含有 143 个中子的铀 235。需要注意的是，这里的数 235 是核子数量的总和。

原子结构

现在我们已经知道，一个原子由一个极小的且带有正电荷的原子核及围绕原子核的一些电子组成。结构最简单的原子就是只有一个电子的氢原子，自然界中最重的原子是铀原子，含有 92 个电子。原子核的尺寸非常小，而电子的维度接近于零，显然，一个原子所占据的体积中，绝大部分是真空的。这就意味着，尽管带负电荷的电子与带正电荷的原子核间存在吸引力，但电子必须和原子核保持一定距离。为什么电子不会坍缩到原子核中呢?

有一种观点认为,物质形成之初,电子就像太阳系中围绕太阳旋转的行星一样,在轨道中围绕原子核旋转。但引力场中沿轨道旋转的卫星与沿轨道旋转的带电粒子间存在一个重大区别,那就是沿轨道旋转的带电粒子会散发类似光一样的电磁辐射,从而损失能量。为了保持能量守恒,这些粒子应当向原子核靠近,它们在那里会具有更少的势能,按照科学家的计算,这会导致电子瞬间坍缩到原子核中。可我们知道,为了让原子保持一定大小,上述情况不可能也不会发生。当经典物理学的任何模型都无法解释原子的上述特性时,崭新的量子力学应运而生。

原子有一个非常简单的性质,是经典物理学无法对此做出解释的,那就是与某一类元素相关联的所有原子结构都是完全相同的。只要含有一定数量的电子和一个有相同电荷数的正电原子核,这个原子就拥有某个元素的特性。因此,如果一个氢原子含有一个电子,那么所有氢原子均含有一个电子。至于为什么经典物理学难以对此做出解释,我们可以再去思考粒子沿轨道运动的问题。如果我们要把一颗卫星放进围绕地球旋转的轨道,假设我们正确计算出了火箭推进所需的动力,我们就可以按照自己的意愿,把卫星送到与地球相距任意距离的轨道上。可所有氢原子的大小相同,这不仅意味着它们的电子距离原子核的距离相同,同样也意味着任何时刻任何氢原子的电子都会和原子核保持上述距离,除非出现下面所说的有意"激发"的情况。我们再一次看到原子具有用经典物理学理论无法解释的特性。

　　为了进一步说明这一点，想象一下我们如何才能改变一个原子的大小。让电子远离原子核会增加它的电势能，而增加的电势能肯定来自某个地方，所以我们需要给原子注入能量。我们在这里不需要谈论技术细节，但在实践中，我们可以通过对原子组成的气体放电从而实现上述目的。完成以上操作后我们会发现，能量确实被吸收了，而且会以光或其他电磁辐射的形式重新散发，只要我们打开荧光灯就能看到这种现象。似乎当我们以这种方式激发原子时，原子就会通过散发辐射回到初始状态，这显然与按照经典物理学原理在轨道上运动的粒子情况不一致。原子现象与经典物理学现象的不同之处主要有两点：第一，正如前面所提到的，一个原子的最终结构，一定是电子和原子核间存在一定距离，而且同一种类的所有原子总是保持这种状态；第二，原子现象与经典物理学现象的不同之处与辐射的性质有关。辐射表现为电磁波形式，我们会在下一章详细讨论这个问题，目前我们只需要知道，每种波长的波都会产生对应颜色的光。

　　按照经典物理学观点，螺旋状电荷可以发出各种颜色的光，但当我们对原子放电发出的光进行检测时，我们发现其中只含有波长特定的几种颜色的光。例如，氢的发光模式相对简单，而且也是量子力学早期就能做出精准预测的元素。在此基础上形成的一个新理论认为，一个原子可能具有的能量以特定的"量子化"（quantized）的值为限，其中包含一个最低数值，也就是"基态"（ground state），在基态下，电子依旧和原子核保持一定距离。只有在能量达到某一个允许值时，原子才能吸收能量，这种状态下的原子处于"激发态"（excited state），这时电子与原子核的距离相比基态时更远。随后，原子通过散发辐射回到基态，而辐射的波长由原子最初和最终状态之间的能量差决定。

以上所有现象都不能用经典物理学理论解释，但可以通过新的量子力学理论理解，我们在下一章就能看到相关案例。

章后小结

在入门级的这一章里，我解释了一系列会在后面章节广泛使用的概念：

- 速度，也就是带有方向的速率。
- 质量，也就是一个物体中所含物质的数量。
- 能量，有多种存在形式，包括动能和势能。
- 电荷与电场，两者与带电物质的相互作用有关。
- 动量，也就是一个运动物体的速度与其质量的乘积。
- 温度，这是测量原子和分子不规则运动产生能量的方式。

我们已经知道，一切物质均由原子组成，而原子则由一个原子核和围绕原子核的数个电子构成。经典物理学无法解释原子的一些性质，尤其是以下内容：

- 一种元素的所有原子是一模一样的。
- 尽管受原子核吸引，但电子不会坍缩到原子核中，而是与原子核保持一定距离。
- 一个原子的能量是"量子化"的，这意味着其能量的数值总是一组离散数值中的一个。

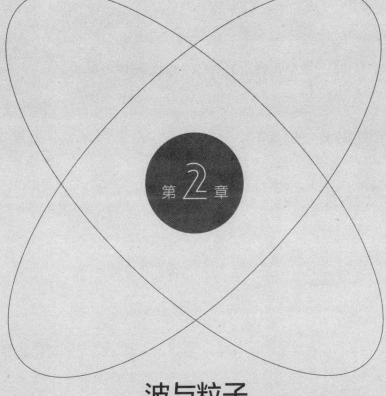

QUANTUM PHYSICS

第 2 章

波与粒子

很多人都知道，波粒二象性是量子力学的重要性质之一。在这一章里，我们将尝试理解这个原理，并借助波粒二象性理解众多物理现象，比如上一章末的原子结构问题。我们会发现，在量子世界里，很多物理过程的结果不能精准确定，我们能做的只是预测各种事件发生的可能性或概率。我们会发现，波函数（wave function）在确定上述概率时起到了重要作用。例如，粒子在任意一点的强度，代表了我们在这个点或这个点附近检测到粒子的可能性的大小。

想理解这个问题，我们就必须了解波函数，因为只有波函数才能解释以上物理状态。研究量子力学的科学家通过一个非常复杂的数学公式来计算波函数，这个公式就是薛定谔方程，这个方程得名于奥地利物理学家埃尔温·薛定谔，他在 20 世纪 20 年代提出了这个方程。但我们会发现，不用进行那么复杂的计算，我们同样能深入理解这个问题。因此，我们按照波的一些基本性质画出了一张图，从经典物理学角度解释这些性质。

　　每个人都对波有或多或少的了解。住在海边、去过海边或者坐过船的人都见过波浪，如图2-1（a）所示。波浪有可能极其汹涌，给船只带来极为强烈的影响，也能给兴高采烈赶来的冲浪高手们带去快乐。但在这里，为了便于思考，我们的脑海里可以想象那些更为平和的波或者涟漪，就像把诸如石头的物体扔进平静的池塘后出现的波纹，如图2-1（b）所示。上述活动将导致水面上下起伏，形成一种波的模式，波纹会从石头掉落的点开始向外散开。

（a）邦迪海滩的波浪　　　　　　　（b）池塘里的涟漪

图2-1　不同的波

　　图2-2展示的就是这种波的形态，表明了随着时间的推移，波在不同地点的变化。在空间的任何特定点上，水面会有规律地上下起伏。波纹的高度被称作波的振幅，完成一次振动所用的时间被称为周期。波的频率也是一个有用的概念，指的是波在一秒钟里完成完整振动周期的次数。在任意时刻，波的形状会在空间中重复出现，而重复的距离就是波长。在一个周期中，振动的波所移动的距离相当于波长，也就是说，波以平均一个周期一个波长的速率移动。

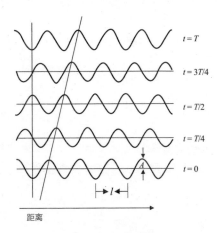

$t = T$

$t = 3T/4$

$t = T/2$

$t = T/4$

$t = 0$

距离

图 2-2　行波示意图

注：水波由一系列波峰与波谷组成。在任何时刻，相邻波峰（或相邻波谷）之间的距离就是波长。波的最大高度就是其振幅 A。图 2-2 显示的是一段时间里波的状态，最下方为初始状态，此时 $t=0$。如果跟随垂直的细线，我们会发现水面会在 T 这段时间里，从振动恢复到原始状态，T 也就是波的周期。倾斜的细线代表的是一段时间里特定波峰的移动距离。波的移动速率 c 等于 l/T，具体见"数学小课堂 2-1"。

数学小课堂
2-1

我们用 l 表示代表波长，用 T 代表周期。由此，波的频率就是：

$$f = 1/T$$

波的移动速率就是：

$$c = l/T$$

行波与驻波

类似图 2-2 里的波被称为行波（travelling wave），因为它们在空间中"行进"。在上述例子中，波可以从左向右运动，或者从右向左运动。我们从图 2-1（b）中也可以看到，石头掉进水里后，涟漪会朝四面八方散开。

除了行波，我们也需要了解驻波（standing wave）。我们在图 2-3 的例子中可以看到，波的形状与前面的例子相同，水面也在上下振动。但这里的波并未移动，而是停在了同一个位置，"驻波"便由此得名。驻波通常出现在波被封闭的两个边界围成的一个空腔（cavity）中。

我们在空腔里制造一个行波，波会在其中一个边界上反弹，向相反方向运动。当朝两个方向运动的波合在一起时，最终结果就是形成图 2-3 所示的驻波。很多时候，波无法穿透空腔的壁，这就会导致波的振幅在空腔边界处等于 0[①]。也就是说，只有特定波长的驻波可以存在于空腔中，因为如果想让波在两个边界的振幅都为 0，那么波长就必须是刚好合适的长度，能让整个波峰与波谷恰好都在空腔中。我们在"数学小课堂 2-2"里对此进行了详细讨论。

---

① 这也被称为"边界条件"（boundary condition）。

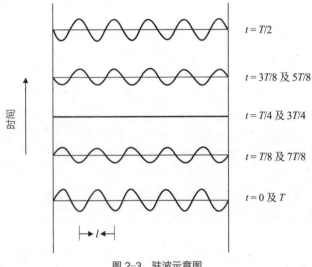

$t = T/2$

$t = 3T/8$ 及 $5T/8$

$t = T/4$ 及 $3T/4$

$t = T/8$ 及 $7T/8$

$t = 0$ 及 T

时间

l

图 2-3　驻波示意图

注：当波被局限在空间中的一个区域时就会出现驻波。从时间上看波会上下移动，但不会表现在空间上。

数学小课堂
2-2

PHYSICS
QUANTUM

由图 2-3 可知，如果一个驻波在长度为 L 的空腔边缘的振幅为 0，那么一个整数倍半波长就必须刚好适合距离 L，因此：

$$L = \frac{1}{2}nl_n, \quad 且\ l_n = 2L/n$$

这里的 n 是一个整数，l_n 是其中一个波长。l_n 中的下标 n 只是一个符号，用来区别属于不同驻波的波长。

由此：

$l_1=2L_1$，$l_2=L$，$l_3=2L/3$，以此类推。

由于波的频率与波长有关，因此频率也是固定的几个数值，计算方式如下：

$f_n=c/l_n=nc/2L$

很多乐器能发出声音就是根据这个原理。比方说，小提琴或吉他能发出什么样的声音，由琴弦产生的驻波频率决定，而驻波频率则由演奏者控制的可振动的琴弦长度决定。为了改变音高，演奏者会将琴弦按压至不同的低点，以此改变琴弦振动部分的长度[①]。驻波在所有乐器中都起着类似的作用：木管乐器和铜管乐器在有限的气体中产生驻波，而鼓的声音来自鼓皮上的驻波。不同乐器发出的声音有着很大区别，这是因为每个声音拥有不同的谐波含量（harmonic content）。这也就是说，振动并不是对应着一种频率的简单的纯音调，而是由多个驻波组合而成，其中每种频率的数值都是最低频率或基本频率的好几倍。

可如果世界上只有驻波，那我们就听不到任何声音。想让声音传播到听者耳中，乐器振动时就必须在空气中制造行波，只有行波才能将声音传递到听者耳中。以小提琴为例，小提琴的琴体与琴弦

① 弦被绷紧时，产生的波的速度与弦的张力及其质量相关。而不同乐器会对这两者做出调整。例如，小提琴手为乐器调音时，琴弦越粗音调越低，琴弦越细音调越高。

的振动保持一致，从而创造出了一种能够辐射到听众耳朵里的行波。乐器设计的科学原理或者说艺术，就在于确保乐器创造出的由驻波的特定波长决定的乐音的频率，能够在向外传播的行波中得到再现。全面理解乐器的构造及它们传播声音的方式，本身就是一个极有深度的问题，我们在这本书里不需要再去深入探讨，有兴趣的读者可以专门去看音乐物理方面的书。

光 波

生活中还有一种常见的波状现象是电磁辐射，其存在于将信号传递给收音机和电视的无线电波以及光线中。这些波的频率和波长各不相同。比如说，传递给收音机的 FM 无线电信号的波长约为 3 米；由于可见光的颜色不同，波长也不同，紫光的波长最短，为 4×10^{-7} 米，红光的波长最长，为 7×10^{7} 米，其他可见光的波长介于二者之间。

光波与水波和声波的区别在于，光波在传播时不需要介质，而我们在前面讨论水波和声波时都会提到相对应的振动介质，比如水、琴弦或空气。事实上，光波确实能在真空中传播，最典型的例子就是我们能看到太阳和星星发出的光。光波的这个特性给 18 世纪、19 世纪的科学家带来了巨大的麻烦，有些人因此得出太空并非真空的结论，他们认为那里存在"以太"(ether)这种无法探测的物质，而以太就是为光波振动提供支持的介质。然而当科学家意识到，一种支持频率极高的光波传播的介质所应具备的特征与以太不会对地球

在轨道上运行产生任何阻力这一结论之间存在矛盾时，上述假设就
变得难以自圆其说了。

　　大约在 1860 年，詹姆斯·克拉克·麦克斯韦（James Clerk
Maxwell）证明了以太假说实属多余。那时，物理学界对电和磁的
研究已经取得了不小的进展。麦克斯韦提出，所有假设均可以用一
组方程做出解答，这就是我们现在所说的"麦克斯韦方程组"。他还
为这组方程提供了一种解法，得出的答案指向了光波无须任何介质
就能在真空中传播的结论，而电磁波里还包含振荡电场和振荡磁场，
这些电磁波运动的速率由电和磁的基本常数决定，计算出速率后人
们发现，得到的结果与测量出的光速一模一样，科学家因此得出了
光就是电磁波的结论。如今，这个结论也可以用来解释其他一系列
现象，比如无线电波、红外（热）辐射与 X 射线。

干　扰

　　确定光这种现象是波的直接证据，来自对干扰现象的研究。两
个波长相等的波叠加在一起时，经常出现干扰现象。在图 2-4（a）
中我们发现：一方面，如果两个波"同步"——专业术语是"同相"
（in phase），这两个波就会叠加在一起形成新的混合波，而混合波的
振幅是最初每个波振幅的两倍；另一方面，如果两个波正好相反，
也就是"反相"（opposite phase），两者就会互相抵消，如图 2-4（b）
所示。波粒子在中段会互相抵消，合并在一起的振幅介于极值之间。

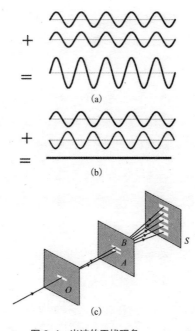

图 2-4　光波的干扰现象

注：当两个同向波叠加在一起时，它们会像图 2-4（a）表现的那样彼此
加强；可如果两个波正好反向，它们就会像图 2-4（b）表现的那样互相
抵消。图 2-4（c）展示的是托马斯·杨（Thomas Young）的实验。抵
达平面 S 上一个点的光波穿过狭缝 O 后，又通过了狭缝 A 或狭缝 B。当这
些光波合在一起时，它们有着不同的运动距离，我们可以在平面上观察到
明暗相间的条纹并存的干扰模式。

　　干扰是证明光具有波属性的关键证据，任何经典物理学模型都
无法解释这种现象。比如说，假设我们有两束经典物理学属性的粒
子：粒子的总数应永远等于两束粒子的数量之和，它们绝不可能像
波一样互相抵消。

第一个观察到光的干扰现象并对此做出解释的人是托马斯·杨，大约在 1800 年，他做了一个类似图 2-4（c）的实验。光穿过一个被标注为 O 的狭缝后，遇到了带有两个狭缝 A 和 B 的平面，最后抵达了被实验者观测的第三个平面 S。光可以通过 A、B 两条路径中的一条抵达最后的平面。然而，光在这两条路径上运动的距离并不相等，所以两道光不会同步抵达平面。根据我们在前面的讨论，波在平面 S 上的某些点会互相强化，而在其他点则会出现抵消，因此，我们会在一个平面上看到明暗相间的条纹。

尽管如此，我们很快就会发现，光在一些环境中会表现出粒子的性质。当科学家对光的量子性质有了更深入的理解后，最终确立了波粒二象性原理。

光 量 子

大约在 19 世纪末 20 世纪初，越来越多的证据表明，使用波模型无法解释光的一些性质。有两大类研究重点关注的就是这个问题。第一类研究与热物体散发的热辐射的性质有关。在一定程度的高温下，这种热辐射变得肉眼可见，我们会用"红热"（red hot）描述发热物体，温度更高时，我们还会用上"进入白热化"（give off a white heat）这样的说法。我们发现，波长较长的光似乎比波长较短的光更容易出现，比如红色对应光谱中波长最长的波，在温度较低的环境下也能出现，因此，波长较长的热辐射一般被称为"红外线"。

随着麦克斯韦提出电磁辐射理论，并在热领域作出了重大贡献，人们对热的理解越来越深入，物理学家开始尝试理解热辐射的性质。那时人们已经知道，温度与能量有关，一个物体越热，它含有的热量就越多。此外，麦克斯韦的理论还预测，电磁辐射的能量只与电磁波的振幅有关，与波长无关。有人可能因此认为，一个热物体可以辐射各种波长的波，随着温度升高，辐射会让物体变得越来越亮，但不会改变物体的颜色。

实际上，根据上述理论得出的计算结果显示，随着波长变短，由于可能存在的波长特定的波的数量增加，短波的热辐射应该比长波的热辐射更能使物体变亮，而且在任何温度环境下都是如此。如果这个结果是正确的，那么所有物体都该呈现出紫色，而且低温时整体亮度变暗，高温时亮度变亮，但这显然与我们看到的实际情况不符。这种理论与现实的差别被称为"紫外灾难"（ultraviolet catastrophe）。

为了解释紫外灾难，物理学家马克斯·普朗克（Max Planck）在 1900 年提出修改传统的电磁学理论，让电磁波能量总以包含固定数量的能量包的形式出现。普朗克还提出，能量包中含有的能量大小由波的频率决定，频率越高，波长越短，能量越大。更准确地说，普朗克提出了一个假设，每个能量包所含能量的大小等于波的频率乘一个常数，即普朗克常数。他认为这是自然界的基本常数，普朗克常数约为 6.6×10^{-34} 焦耳。这种能量包就是量子。温度相对较低时，只有刚好适量的热能才能激发低频长波量子，而高频量子一般只会在温度更高时被激发。这个假设与前面提到的观察结果相吻合，但普朗克的理论却更进一步，他在此基础上设计出的公式能够计算出各种波长的波在特定温度下能产生多少辐射，而且计算结果与观察结果高度一致。

推动量子力学发展的第二类研究就是对光电效应（photoelectric effect）的研究。当光在真空中照射光滑的金属表面时，金属就会发射电子。这些电子都带有负电荷，因此电子束会形成电流。向金属板施加正电压可以阻断电流，我们用可以阻断电流所需的最小电压来衡量每个电子带有的能量。完成以上实验后人们发现，特定波长的光释放的每个电子的能量总是相同的，光变得越亮，释放的电子数量就越多，但每个电子携带的能量并不会发生改变。

1905 年，当时在科学界还名不见经传的爱因斯坦发表了对物理学的未来发展有革命性影响的三篇论文。其中一篇论文与"布朗运动"（brownian motion）有关，科学家在显微镜中看到，液体中的微粒似乎在做无规则运动，爱因斯坦表示，之所以出现这种情况，是因为这些微粒受到液体中原子的大量撞击。人们普遍认为，爱因斯坦的这个理论是证明原子存在的最终证据。爱因斯坦在另一篇论文也是他知名度最高的一篇论文中提出了相对论，著名的质能公式就出自这篇论文。

不过我们关注的却是剩下的那一篇论文，也就是让爱因斯坦获得诺贝尔物理学奖的那篇。在这篇文章中,爱因斯坦在普朗克的量子假说的基础上,对光电效应作出了解释。爱因斯坦意识到,如果光波中的能量以固定的量子形式传播,那么当光照射在金属上时,其中的一个量子就会将自身的能量转移到一个电子上。因此,一个电子带有的能量等于一个光量子传递的能量减去将电子从金属上移除时所需的固定数量的能量,也就是"功函数"(work function),光的波长越短,逸出电子的能量就越大。当科学家以此为基础对光电效应的测量结果进行分析时,他们发现结果与爱因斯坦的假设完全一致,而且根据以上测量结果推导出的普朗克常数的数值,也与普朗克在热辐射研究中提出的数值一致。

还有一个重要的观测结果表明,即便光的强度很低,有些电子也会在光线照射的瞬间逸出。这意味着整个量子的能量会瞬间转移到电子上。只有当光不是一种波,而是由粒子流组成时才会出现这种情况。因此,我们可以把量子看作光粒子,这种粒子也被称作"光子"(photon)。

现在,我们从干涉实验中找到了光是波的证据,而光电效应又表明,光带有粒子流的性质,两者结合就是"波粒二象性"。一些读者可能认为,或者至少希望,本书能够解释光为什么既是波又是粒子。然而,本书中并不存在这样的解释。尽管本书的主要目的是说明量子属性会带来哪些结果,但我们在日常生活中看不到能表现出量子属性的光现象,用类似波或粒子这些经典的类别划分也难以全面地描述"波粒二象性"。

　　事实上，光和其他量子物质很少会完全表现为波状或粒子状，而研究时使用的具体模型，通常取决于其实验背景。例如，用高强度的光束进行干涉实验时，我们一般不会观察单个光子的运动，在这里我们基本可以把光看作波；而在光电效应中观测到光子时，我们会把它看作粒子。以上两种情况都是近似描述，而光实际上同时具有两种属性，只是程度各有不同。想深入理解量子物质，会给我们的理论思维带来极大挑战，在过去100多年里也引发了激烈的哲学争辩。这些争议并非本书的重点，我们想要解释的是量子物质给我们的日常生活带来了哪些影响。不过我们会在最后一章简单地探讨一下这个主题，并讨论一下薛定谔那只著名的或者说"臭名昭著"的"猫"。

物　质　波

　　传统上被视作波的光带有粒子属性，法国物理学家路易·德布罗意（Louis de Broglie）由此推断，其他被我们普遍看作粒子的物质可能也带有波的属性。因此，一束电子会被人们自然而然地想成像子弹一样极其微小的粒子流，但在一些情况下，它们也会像波一样运动。这一具有革命性的观点最早在20世纪20年代戴维森（Davidson）和革末（Germer）的实验中得到了直接证实。两人将一束电子射入石墨晶体，观察到的干扰模式与光穿过一组缝隙时形成的干扰模式大体一致，如图2-4（c）所示。我们知道，干扰性质是证明光是波的核心证据，而这个实验直接证明了干扰模式也可以适用于电

045

子。在那之后，科学家在类似中子这样更重的粒子上也找到了波属性的相似证据。

如今，人们认为波粒二象性是所有粒子的普遍属性。虽然类似谷粒、沙粒、足球或汽车这样的日常物体也具有波属性，但我们在现实中完全看不到其中的波，这既有相关波长短到无法察觉的原因，也因为常见物体由原子组成，每个原子都有相应的波，而所有的波总是在不断相互干扰与变化。

我们在前面说过，光波的振动频率与量子的能量成正比。但就物质波而言，我们很难确定波的频率，也不可能直接进行测量。不过，物质波的波长与物体的动量之间存在关联，一个粒子的动量越大，物质波的波长就越短。我们在"数学小课堂 2-3"中对此作出了更详细的解释。

数学小课堂 2-3

我们在第 1 章里提到，动量指的是一个物体的质量（m）乘其运动速度（v）：

$$p=mv$$

德布罗意提出，在物质波里，波粒之间的关系是"波长等于普朗克常数除以动量"：

$l=h/p=h/(mv)$

普朗克常数 h 是自然界的一个基本常数，数值约为 6.6×10^{-34} J。按照这个公式我们可以计算得出，一个质量约为 10^{-30} kg 的电子以标准的 10^6 m·s^{-1} 的速度运动，它的波长应大约为 6×10^{-10} m，这个数值与常见的 X 射线相似。不过，一个质量约为 10^{-8} kg 的沙粒以 10^{-6} m·s^{-1} 的速度运动时，其波长只有 6×10^{-20} m，这使得它的波属性完全不可观测。

经典波动理论中永远存在波动的东西。因此，提到水波时，水面会上下运动；在声波中，气压会出现波动；而电磁波里的电场和磁场也会出现变动。物质波对应的物理量是什么呢？传统观点认为，不存在与此相对应的物理量。我们可以利用量子力学的理论和方程对波进行计算，用计算结果预测物理量的数值，而这个数值可以通过实验的方式进行测量。但是，因为不能直接观察到物质波，所以我们没有必要、也不该从实体上对它做出界定。为了强调这一点，我们采用了"波函数"的说法，而不是单纯地将物质波称为"波"。这种说法强调物质波是一种数学函数，而非物理实体。波函数与我们之前讨论的经典波之间还有一个重要的技术性区别，就是经典波按照频率振动，而在物质波中，波函数在一段时间里保持不变 [①]。

然而，尽管波函数在现实中并不存在，但它却在运用量子力学理论理解真实物理现象的过程中起到了至关重要的作用。第一，如果电子被限制在某个特定区域内，那么波函数会形成类似我们之前讨论过的驻波，其波长及粒子的动量就会对应一组离散的量子化数值。第二，如果做实验探测某个特定点附近的电子，相比波函数较小的区域，我们更有可能在波函数较大的区域发现电子。马克斯·玻恩（Max Born）用数学方式表达了这个理论，按照玻恩定则，在特定点附近找到粒子的可能性，与那一点波函数大小的平方成比例。

原子中包含电子，而电子因为静电力的作用被原子核吸引，局限在一小块空间里。按照前面的说法，我们可以预测相应的波函数会形成驻波。接下来我们就能看到，这个理论可以帮助我们理解原子的重要性质。我们可以先从一个简单的系统开始讨论，想象一个电子被限制在一个小盒子里。

盒子里的电子

思考这个例子时，让我们想象一个被困在盒子里的电子。做出

---

① 严格地说，波函数的相位振动时，保持不变的是其量值。不过，在确定我们要讨论的问题性质时，相位振动几乎不起任何作用。波函数的量值也各有不同，但这种情况只会出现在粒子的能量未确定的情况下。我们在本书里不讨论这种情况。

这种假设是因为如果盒子里有一个电子，那么它的势能就是固定值，我们可以把这个固定值认定为零。电子之所以被困在盒子里，是因为它被一个有着极高势能的区域包围，只有破坏能量守恒定律，电子才能进入外部空间。我们可以用一个放在地上的方盒里的球进行类比，如果盒子的四壁足够高，球就无法从盒子里滚出，因为想滚出盒子，球就必须克服重力。接下来我们会思考与这种情况类似的物质波，我们可以拿池塘或游泳池做对比，池塘或游泳池里的水被坚硬的四壁包围，坚硬的水岸无法振动，所以池塘或游泳池中产生的任何波浪都会被限制在水里。

为了进一步简化，我们只从一维角度思考这个问题，也就是说，电子在空间中被限制在一个特定的方向上运动，因此我们可以忽略电子朝其他方向运动的情况。我们可以用弦上的波进行类比，因为弦上的波只会沿着弦运动，所以本质上它就是一维的。现在，我们再来思考电子的波函数形式。因为电子无法离开盒子，所以我们在盒子外发现电子的可能性为零。如果考虑盒子的边缘的话，我们在那里找到电子的概率与在盒子外发现电子的概率一样，其值只可能是零。这种情况与小提琴或吉他琴弦的原理很相似，而且我们在之前提到，这里的波必须是驻波，且波长能与有效空间相匹配（见图 2-3）。图 2-5 对此进行了说明，我们看到，这里的波长被限制为半波长的整数倍，这意味着只有特定数值的几个波长能够出现在这里，因为我们可以通过德布罗意提出的公式，利用波长计算出电子的动量，所以动量也局限为一组特定数值中的一个（见“数学小课堂 2-4"）。由于电子在这里的势能为零，电子的动能只由其自身已知的质量和动量决定，因此，我们就能得出总能量只能是一组特定数值中的一个的结论。也就是说，能量被量子化后成了一组"能级"（energy level）。我们在"数学小课堂 2-5"中解释了更多细节，也列出了可能出现的能量值。

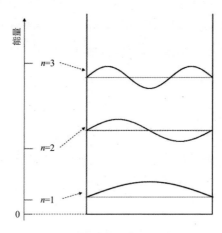

图 2-5　电子的能级和波函数示意图

注：图中标出了盒子中一个电子的能级和波函数。由于盒子边缘的波函数必须等于 0，所以盒子的长度必须等于整数半波长，我们通过这些条件就能确定可能的能量值。图中显示的是三种波长较长的波，相应的这些波的能量也较小。n 的数值见"数学小课堂 2-5"。

　　图 2-5 也对此进行了说明，我们可以看到，随着能量的增加，连续能级之间的间隔也会变得越大。在此基础上，现在我们可以逐渐理解第 1 章最后讨论的原子的一些性质。不过，我们想先用这个例子探讨一下量子力学中的"不确定性"（uncertainty）概念。

　　有些读者可能知道"海森堡不确定性原理"（Heisenberg un-certainty principle）。这个原理得名于维尔纳·海森堡（Werner Heisenberg），他是量子力学领域的先驱，在他提出自己的量子力学原理后不久，薛定谔才推导出了自己的波动方程（即薛定谔方程）。总的来说，海森堡不确定性原理是指我们不可能同时确定两个物理量的准确数值，比如一个电子的位置和动量。回到盒子中存在一个电子的例子，我们就能明白这个道理。首先，如果考虑电子所在的位置，我们只知道它位于盒子里的某个地方，即电子处于从盒子中心到边缘，也就是盒子大小的一半的某个不确定位置上。其次，我们再去考虑动量，假设电子处于基态（即 $n=1$），那么它的波函数的形式是波的一部分，波长相当于盒子大小的两倍。由于粒子可能朝任一方向（左或右）运动，其动量的不确定性在定义上类似于位置的不确定性，动量是否处于最大状态由波长决定。

　　由此可见，盒子越大，其中的电子所在位置的不确定性就越大，但它动量的不确定性就越小。如果我们把这些数值相乘就会发现，盒子的尺寸被抵消，乘积只与普朗克常数有关（详见"数学小课堂2-4"）。根据海森堡不确定性原理，位置与动量不确定的乘积永远不会小于一个约为普朗克常数的 1/10 的数，在我们举的例子中也确实如此，这是任何与量子状态相关的波函数都具有的普遍性质，因此读者应当明白，海森堡不确定性原理是从波粒二象性以及量子力学推导出的结果，而非量子力学的附加内容。

数学小课堂
2-4

我们把上文中琴弦上驻波的计算结果（见"数学小课堂 2-2"）用在电子的例子上。于是，与一个长度为 L 的盒子里的一个电子有关的波函数，其数值一定为以下之一：

$$l_n = 2L/n$$

其中 n 为整数。按照德布罗意的理论（见"数学小课堂 2-3"），电子的动量一定为以下数值之一：

$$p_n = h/l_n = nh/2L$$

我们可以以此解释海森堡不确定性原理。当一个物理量在一个范围内拥有多个可能的数值时，我们将其不确定性值定为上述范围大小的一半。在盒子里有一个电子的例子中，这个不确定性值 d_x 可以表示为：

$$d_x = \frac{1}{2}L$$

那么对应的动量[①]就是：

$$d_p = p_n = nh/2L$$

由此可得出：

---

① 由于波在盒子边缘被阻断，因此其动量的大小应该在一定的范围内波动，而不仅仅是由 p_n 确定的值。不过这里所说的动量的大小与文中确定的 d_p 的数值相似。

$$d_x\,d_p = nh/4$$

当 $n=1$ 时，算出来的最小值就是 $h/4$。按照海森堡不确定性原理，我们可以得出：

$$d_x\,d_p \geqslant h/4\pi$$

其中 π 是数学常数，数值约为 3.142。显然，我们得到的结果与此保持一致。

将以上例子和在第 1 章里提到的原子性质进行对比后，我们首先注意到，这个系统有着最低的能级，被称为"基态"（ground state）。假如有好几个装着电子的一模一样的盒子，它们的基态应当完全一致。科学家无法用经典物理学解释原子的特性之一，就是同一种类的所有原子拥有完全相同的特性，而且它们还拥有完全相同的最低能量状态。通过波粒二象性原理，科学家得以用量子力学理论解释盒子里有一个电子时基态出现的原因。接下来我们就会看到，同样的原理也适用于原子中的电子。

我们思考一下，当盒子里的电子从一个能级变为另一个能级时会发生什么情况，比如从第一激发态变为基态，为了维持能量守恒，损失的能量必须去往某处，假设这些能量以电磁辐射的量子形式发射，那么我们可以利用普朗克公式，通过两个能级的差值计算出这个辐射的波长。在盒子里装有一个电子这个例子中，我们掌握了计算所需的所有必要信息，其中盒子的长度等于原子的直径，具体计算方法可见"数学小课堂2-5"。我们发现，通过这种方式计算出的辐射波长，与实验中测量出的氢原子做出相似跃迁时得到的辐射波长的数据大致相等。量子力学再一次对经典物理学无法解释的原子特性做出了合理解释。

数学小课堂
2-5

我们知道，动量等于物体的质量与速度的乘积，在这个例子中，盒子里电子的势能为零，所以这个电子具有的能量就是：

$$E_n = \frac{1}{2}mv_n^2 = p_n^2/2m = (h^2/8mL^2)n^2$$

在这里我们用到了"数学小课堂2-4"里计算出的 p_n 的值。

如果 L 近似于一个原子的尺寸（比如 3×10^{-10} m），已知一个电子的质量是 10^{-30} kg，那么电子的能量为：

$$E = 6 \times 10^{-19} n^2 \, J$$

当一个电子从 $n=2$ 的状态变为 $n=1$ 的状态时，其能量变化为：

$$3h^2/8mL^2 = 1.8 \times 10^{-18} \text{ J}$$

如果这些能量全部转移到光子上，振动频率 f 为电磁波的能量除以 h，那么得出的波长就是：

$$l = c/f = 8mL^2 \, c/3h = 1.1 \times 10^{-7} \text{ m}$$

这个答案与一个氢原子从第一激发态跃迁到基态时发射的辐射波长极为接近，后者为 1.4×10^{-7} m。

我们应该为这个符合预期的计算结果感到振奋，现在我们可以相信，原子表现出来的一些特性源自其电子带有的波属性。不过需要注意的是，真实的三维原子与我们用作例子的一维盒子间仍然有着本质区别。我们在第 1 章里曾提到，原子中包含带负电荷的电子，电子被带有正电荷的原子核吸引。因此，电子离原子核越远，引力的势能就越小。电子因此被限制在原子核附近，这里的波函数也是驻波。然而在现实中，不仅原子"盒"是三维的，而且原子的形状与我们的例子也有着很大区别，所以在使用这个方法解答真实的原子间势（atomic potential）前，我们还不能完全确定这个做法是否正确。不过我们很快就会详细讨论这个问题。

变化的势能

到目前为止，我们思考的与物质波有关的问题中，这些物质波的粒子要么在自由空间中发散，要么被限制在一个一维的盒子里。在这两种情况下，粒子在运动区域里的势能保持不变，所以按照能量守恒定律，无论怎样运动，这个粒子的动能和动量以及速率也总是保持不变。与此相对，比如一个球向山上滚动时，球在爬坡的过程中会获得势能，失去动能，速度逐渐变慢。我们知道德布罗意公式将粒子的速率与波长联系在了一起，所以如果速率保持不变，粒子的波长在任何地方也都会保持不变，虽然之前没有明确说明，但这也是我们的假设。可如果速率并非一成不变，那么波长也会发生变化，波的形式就不会像我们之前考虑的那样简单。因此，当一个粒子在一个区域中移动且势能发生变化时，它的速率及波函数的波长都会出现变化。

一般来说，若想分析势能变化的情况，我们就需要了解一般情况下能确定波的形式的数学公式。我们在前面提过，这个公式就是薛定谔方程。在前面的例子里，当势能保持不变时，薛定谔方程的解有行波或驻波两种形式，也能验证我们相对简单的假设。若想真正全面深入地理解一般情况，读者就必须面对极为复杂的数学问题，但这对理解这本书并无必要。无论如何，如果愿意接受我们直接给出的一些结论和细节，读者就能对之前讨论的基础性问题有更深入的理解。下一章研究原子结构时我们就会采用这种方法，那时我们会看到，只需要简单的行波和驻波，就能展示金属中的电子的运动方式。不过，我们首先需要思考两个更深入的案例，通过了解粒子势能发生改变的情况，深化我们对粒子波属性的理解。

量子隧穿效应

让我们想象一个粒子接近一个"势阶"（potential step）。也就是说，如图 2-6 所示，势能在一个特定点上会突然增加。我们特别需要关注的是粒子所带能量小于势阶高度时的情况，按照经典物理学，粒子会在触及势阶的瞬间反弹回来，再以同样的速率向反方向运动。量子力学背景下的情况与经典物理学有很多相似之处，但我们也会发现，两者之间存在一些重要的区别。我们先来思考物质波。按照前面的讨论，我们把接近势阶的粒子看作从左向右运动的行波，反弹后，它会从右向左运动。

总的来说，我们不知道这个粒子在任何特定时间具体在做什么，所以势阶左边的波函数将是正向和反向两个波的结合，当薛定谔方程从数学上得到解答后，这个假设也得到了验证。真正有意思的是波在势阶右边的状态。按照经典物理学观点，我们不可能在这里找到粒子，所以这个区域里的波函数就是零。然而，解答了薛定谔方程后我们发现，正如图 2-6（a）所示，除了靠近势阶的区域，其他区域的波函数经过计算后并不等于零。而任意一点上波函数的大小意味着我们在那一点能够找到粒子的概率。我们发现，根据量子力学原理，这个区域存在找到粒子的概率；而按照经典物理学理论，我们在这里根本不可能找到粒子。

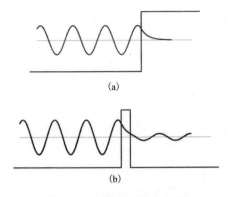

(a)

(b)

图 2-6　粒子接近势阶时的波函数

注：图 2-6（a）里的粗直线代表势阶，图中显示了一个粒子接近势阶时的波函数，粒子穿透了势阶，表明在依据经典物理学理论不可能发现粒子的区域存在找到粒子的概率。图 2-6（b）展示的是狭窄的势垒，这里的波函数穿透了势垒，所以我们有可能在势垒的右边找到粒子，而这种情况在经典物理学中绝不会出现，这就是量子隧穿效应。

　　事实上，由于在势垒（barrier）内部放置任何探测器都会使势能发生改变，所以我们无法直接验证上述预测。可如果按照图 2-6（b）所示，对思考方式稍作修改，我们就能间接验证前面的预测。这里我们不再设置势阶，而是使用势垒，势阶在离抬高部分右边不远的地方重新变为零。在这个前提下求解薛定谔方程后，我们发现势垒左半边及内部的波函数与前面势阶例子中的波函数极为相似。但在势垒的右边，又出现了一个相对较小且振幅有限的行波。从物理学角度解释这种现象，我们得出了一个结论：当一个粒子从左向右接近势垒时，它不被反弹回来的可能性很小，它有可能会穿透势垒出现在另一边。这种现象被称为"量子隧穿"（quantum tunneling），量子穿透了经典物理学认为无法穿透的势垒。

现实中有大量物理现象能够证明量子隧穿效应的真实性。比方说，所谓放射性衰变，就是α粒子从一些原子核中发射出来，这种情况发生在某个特定原子核上的概率极低，低到这种原子核平均需要等上几百万年时间才会开始衰变。科学家现在认为，α粒子被等同于势垒的东西限制在原子核中，其原理类似我们前面的讨论。势垒外存在极小的振幅波，这意味着粒子穿透势垒的概率很小，但不等于零。

近年来，量子隧穿效应在扫描隧道显微镜上得到了大量应用。在扫描隧道显微镜里，金属平面上方有一个尖锐的金属探针，电子可以穿透势垒在金属探针与平面间形成隧电流。我们在图2-6中可以看到，势垒右边的波函数会随着势垒厚度的增加而迅速变小，这意味着隧道电流会随着金属探针与平面之间距离的增大而急剧减少。如果探针在不光滑的金属表面上扫描，那么隧道电流的变化就能提供与不平整表面有关的信息，并绘制金属表面图。这项技术已经取得长足发展，如图2-7所示，人们甚至可以探测到因为单个原子而导致的表面不平整。科学家可以通过扫描隧道显微镜及其他类似技术观察并控制单个原子，"纳米科学"这一全新的科技领域由此形成。

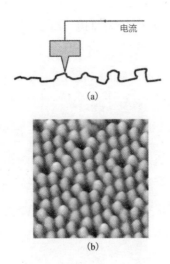

图 2-7　扫描隧道显微镜的工作原理及示例

注：图 2-7（a）中，扫描隧道显微镜控制一个金属探针穿过一个平面，并检测进入平面的隧道电流，由于电流会随着探针到平面距离的变化而产生大幅波动，所以平面上的任何不平整信息都会被探测到。图 2-7（b）是扫描隧道显微镜下硅晶体表面的部分图像，图中明亮的凸起对应着单个的硅原子。此照片由英国伯明翰大学纳米物理研究实验室的 P. A. 斯隆（P. A. Sloan）和 R. E. 帕尔默（R. E. Palmer）提供。

量子振子

我们需要思考的第二个例子，是图 2-8 所示的粒子以抛物线型势能运动的情况。在经典物理学中，粒子会从势阱（potential well）的一边有规律地振动到另一边，振动频率由粒子的质量和势阱的形状决定。振动的大小，或者说振幅（amplitude），则由粒子的能量决定。粒子在势阱底部的能量都为动能，当它到达极限处并停止运动时，全部能量就都变为势能。我们可以通过薛定谔方程算出波函数，而且我们会发现，与盒子里有一个电子的例子一样（见图 2-5），驻波可能只存在几个特定的能量值。

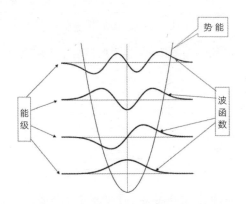

图 2-8　振子的势能、能级及波函数示意图

注：图 2-8 中显示的是一个粒子进行抛物线形势能运动时 4 种最低能级状态对应的能级和波函数。我们画出了波函数，它们的 0 值也位于对应的能级。注意，当"有效盒子大小"越大、能级越高时，波函数就可以用类似于图 2-6（a）所示穿越势阶的方式，穿透经典物理学认为不能穿透的区域。

我们在图 2-8 中列出了相关的能级和波函数。这里的驻波与图 2-5 里的驻波存在重要的相似点，也存在重大区别。首先，让我们看看两者的相似之处。两种情况下，与最低能级对应的波函数由在中间达到最大值的波峰来表示；与第二低能级对应的波函数有两个波峰，分别为一正一负，波函数会穿过轴线；其他情况以此类推。其次，我们再来看看区别。第一，关于盒子的例子中任何状态下所有波的宽度相同，但振子的例子中波的宽度却不相同，因为随着总能量的增加，总能量为正的区域宽度也会增加。简单地说，不同能级的盒子的有效宽度是不同的。第二，波并不会像经典物理学里的物体运动那样到达边界后立刻变为零，而会以类似粒子接近势阶的方式在一定程度上穿透经典物理学上禁止穿透的区域，如图 2-6 （a）所示。我们在"数学小课堂 2-6"里对此进行了更细致的讨论。

数学小课堂
2-6

QUANTUM
PHYSICS

我们在之前的盒子里的电子的例子中看到，电子登上势阶时，能级会迅速提高，其数值为：

$$E_n = h^2 n^2 / 8mL^2$$

其中，L 是盒子的尺寸。从以上公式及图 2-5 中我们可以清晰地看到，能级越高，相邻能级之间的距离就越大。

振子的例子中，势能表现为：

$$V = kx^2$$

其中的 k 为常数。如图 2-8 所示，当能量增加时，波的宽度也会变大。我们也可以与盒子里的粒子进行近似比较，假设盒子的有效尺寸等于波函数的宽度，那么波的宽度越大，能级也就越高。综上所述，我们可以预测，在高能级时，振子的能级间间隔的增长没有盒子的宽度增长得那么快。我们可以用薛定谔方程计算振子能级的方式验证上述预测，按照预测，我们可以在振子这个例子中创造一组间隔距离相等的能级。用公式具体表述就是：

$$E_n = (n+1/2)\ hf$$

其中 f 为经典物理学中的振荡频率，n 是一个正整数或 0。

通过这个例子我们希望读者能够明白，只要能理解势能保持不变时的物质波，尽管细节问题还需要进行大量的数学计算，我们仍然能在此基础上推导出很多结论。现在，我们就要运用这些原理，从量子力学角度去理解现实中真正的原子。

氢　原　子

世界上最简单的原子就是氢原子，它包含一个带负电荷的电子和一个带正电荷的原子核，电子因为静电力或者说库仑力（Coulomb）而被束缚在一个带正电荷的原子核周围。当电子接近原子核时，库仑力会变强；当电子远离原子核时，库仑力也会逐步减弱。因此，靠近原子核的区域势能不仅大，而且为负；逐渐远离原子核时，这个数值就会逐渐接近零，如图 2–9 所示。

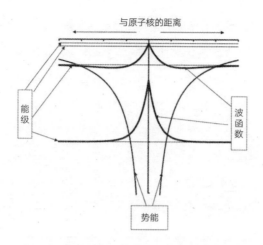

图 2-9 氢原子中电子的势能、能级及波函数示意图

注：图中所示为氢原子中电子的势能，以及 4 个最低的能级和其中最低的 2 个能级对应的波函数。我们已经画出了波函数，所以它们的 0 值也都在对应的能级上。注意，能量的 0 值对应的是图中最上面的那条线。

到目前为止，我们讨论的所有例子均是一维的，也就是说，在我们的假设中，这个粒子只能朝特定方向运动，在图中从左向右，或者从右向左。然而，原子是三维物体，若想全面地了解原子，我们必须考虑三维这个因素。氢原子具备一个非常重要的简化性特征，那就是它的库仑势是"球对称"（spherically symmetric）的，也就是说，它的库仑势仅取决于电子和原子核之间的距离，而与两者分开的方向无关。因此，很多与能级对应的波函数也带有相同的对称性。我们先思考球对称的情况，再讨论其他情况。

就像我们在前面谈到的方形盒子以及振子势能对粒子做出限

制的例子，库仑势也会将电子限制在原子核附近。我们在振子的例子中看到，盒子的有效宽度会随着能量的增大而变大；但是，更高能级状态的能量增加速度并不会像在方形盒子里那么快。如果将图2-9 里库仑势的形状和图 2-8 的振子形状进行对比，我们会发现，在库仑势的例子中，势能宽度随着能量变化而增加得更快。如果沿用振子的例子中的推理，我们应当得出"越向上，能级增加就越缓慢"的结论。事实也确实如此，这里出现的能级分别是 $-R$，$-R/4$，$-R/9$，$-R/16$……其中 R 被称为"里德伯常量"（Rhydberg constant），其得名于 19 世纪末研究原子光谱的瑞典科学家约翰内斯·里德伯（Johannes Rydberg）。读者可能注意到了，这些数都是负数。这是因为我们把电子与原子核距离很远处作为测量能量的零位。

当原子从一个能级跃迁到另一能级时，能量将以光子辐射的形式被吸收或散发，而光子辐射的频率与普朗克公式中的能量变化有关。按照以上能级计算出的频率模式，与在氢原子中进行放电实验观察到的结果一致。用薛定谔方程解答后，我们可以用电荷、质量和普朗克常数预测出 R 这个常量的数值，而这个答案与实验结果高度一致，具体内容见"数学小课堂 2-7"。因此，我们现在可以确定通过量子力学预测的结果与实验对氢原子能级的测量结果在数量上是完全一致的。

数学小课堂
2-7

我们可以用以下通式表述氢原子的能级：

$$E_n = -R/n^2$$

其中 n 为整数，R 是常数。如果用普朗克常数（h）、质量（m）和元电荷（e）计算 R，并且用薛定谔方程计算库仑势能（k，参见"数学小课堂 1–3"），答案就是：

$$R = 2\pi^2 k^2 me^4/h^2$$

如果将已知数值代入公式右边：$k = 9.0 \times 10^9 \, \text{J} \cdot \text{m} \cdot \text{C}^{-2}$，$m = 9.1 \times 10^{-31} \, \text{kg}$，$e = 1.6 \times 10^{-19} \, \text{C}$，$h = 6.6 \times 10^{-34} \, \text{J} \cdot \text{s}$，我们就会得到 $R = 2.2 \times 10^{-18} \, \text{J}$。

图 2–9 中展示了能级模式，还画出了三种最低能级状态下的波函数的形状。我们能看到，粒子振动时，随着能量的增加，波函数中波峰的数量也会增加，但这些波峰的形状和大小相较于盒子例子中的情况会产生更多的变化。

现在，我们用这些预测的能级与实验结果进行对比。记住，当原子从一个能级跃迁到另一能级时，吸收或释放的光子的能量就是能级之间的能量差。通过普朗克公式我们可以得出：

$$f_{m,n} = R/m^2 - R/n^2$$

其中的 $f_{m,n}$ 是光子在能级 E_n 和 E_m 之间跃迁时的振动频率。举个例子：

$$f_{1,2} = 3R/4h,\ f_{1,3} = 8R/9h,\ f_{2,3} = 5R/36h$$

我们可以运用常规方法通过频率计算波长，由此可得（其中 c 是光速，等于 $3.0 \times 10^8\,\mathrm{m \cdot s^{-1}}$）：

$$l_{1,2} = 4ch/R;\ l_{1,3} = 9ch/8R;\ l_{2,3} = 36ch/5R$$

代入数值后我们就会得到：

$$l_{1,2} = 1.2 \times 10^{-7}\mathrm{m};\ l_{1,3} = 1.0 \times 10^{-7}\mathrm{m};\ l_{2,3} = 6.5 \times 10^{-6}\mathrm{m}$$

这些计算结果与氢原子吸收、发出光的实验测量数据一致。此外，即便科学家使用更为精确的数值计算这些物理量，上述结论仍然成立，而这些物理量的精确度一般会达到小数点后 8～9 位。

通过波粒二象性原理，我们获得了量子化的能级，可我们又该如何解读与每个能级相关的波函数？答案在于之前提到的玻恩定则：任何一点波函数的平方代表着在这一点周围找到电子的概率。在这个背景下，在一个符合以上描述的原子模型中，电子不应被看作一个点粒子，而应被看作散布于原子空间中的连续分布。我们可以把原子想象成一个带有正电荷的原子核被一团负电荷云包围，而这团负电荷云在任何一点的浓度与那一点的波函数的平方成比例。这个模型适用于很多情况，但读者对此的理解也不应过于僵化。如果真在原子里寻找电子，我们总会发现它呈点粒子状；但从另一个角度看，如果不是观察它的位置，只把电子看作点粒子也是错误的。我们在量子力学中使用模型是为了便于解释某些理论，但也不应过于按照字面意思去理解这些模型。我们会在第 8 章里继续讨论与量子力学概念性原则有关的问题。

到目前为止，我们研究的只是存在球对称性质的波的状态，也就是说，无论方向如何，它们在距离原子核相同长度的地方有着相同的数值。但是实际不会出现这么简单的状态，而是会因为方向不同而发生改变。如图 2–10 所示，波函数的形状可能非常复杂。这些非球形状态的物理意义在于，电子在原子中运动时存在角速度（angular velocity），还会带有角动量（angular momentum）。与此相对，电子形成的球面波散布于原子核周围，但不存在轨道运动。考虑到存在非球形状态，能级光谱难道会比我们之前讨论的要复杂得多吗？幸好每种非球形状态的能量和球形状态完全相等，所以前面讨论的简单情况依旧成立。如果没有这个幸运的意外，实验观测到的氢原子光谱就不会与我们讨论过的相对简单的公式吻合，科学家在通往量子力学理论的道路上也会变得更加艰辛。

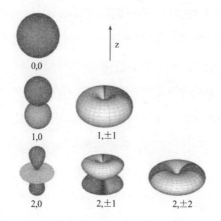

图 2-10　氢原子的一些能级对应的三维波函数示意图

注：图 2-10 展示的是氢原子的一些能级对应的三维波函数。每种情况下原子核均位于图形的中心位置，而图形代表的就是三维波函数。

其他原子

除氢原子外，其他原子均拥有不止一个电子，这就导致问题变得更加复杂。讨论这些问题前，我们首先需要引入量子力学的另一个原理，也就是泡利不相容原理（Pauli exclusion principle），这个名称来源于原理的发现人沃尔夫冈·泡利（Wolfgang Pauli）。泡利不相容原理表明，不论什么样的量子态，其中的某一类粒子（比如电子）的个数不能超过一个。尽管这个原理说起来简单，可想要验证，就必须经过极为复杂的量子力学分析，我们在这里不做过多讨论。但是在正确使用泡利不相容原理前，我们必须了解量子的另一个特性，也就是"自旋"（spin）。

我们知道，地球在沿着轨道围绕太阳转动时，也会绕地轴自转。假如原子也是经典物理学上的物体，我们自然认为电子也以相似的方式自转。这样的类比自然有其合理性，但显然，经典物理学状态和量子力学状态之间存在重大区别。自旋的性质由两大量子力学原理确定：首先，每一种粒子（电子、质子、中子）的自旋速率永远相同；其次，自旋永远围绕某个轴线进行顺时针或逆时针方向的旋转[①]。这意味着，原子中的电子只会出现两种状态的自旋。因此，任何通过驻波描述的量子态可以含有两个朝相反方向自旋的电子。

我们通过下面的例子来了解如何运用泡利不相容原理。想象在图 2-5 展示的盒子里放进数个电子。为了形成总能量最低的状态，所有电子必须占据最低的能级。因此，如果我们想一次一个把这些电子放进盒子里，那么第一个放进去的电子为基态，第二个电子的自旋方向应当与第一个相反。因为能级已满，所以第三个和第四个放进去的电子只能是第二低能级，这两个电子的自旋方向也必须相反。我们可以继续向每个能级放入两个电子，直到放完所有的电子。

现在，我们可以将上述操作流程用于不同的原子。首先，我们可以考虑含有两个电子的氦原子。如果暂时先忽略电子彼此会施加互相排斥的静电力，我们就可以像在氢原子的例子中那样，用同样

---

① 我们应该把电子自旋看作半经典物理模型，而不应只从字面意思去理解。我们所说的"自旋"，是一种通过高级数学分析，同时配合量子力学原理及相对论后推导得出的物理性质。电子拥有两种自旋状态的基本结论也来源于此。

的方式计算量子态。不过要记住，这里的原子核电荷是双倍的，而双倍意味着所有能级都会相对降低（也就是负值变得更小），但除此之外，这里形成的驻波与氢原子的情况极为相似，而且事实证明，即便考虑电子间的相互作用，以上模式也不会出现太大的变化。因此基态中存在两个能量最低、自旋方向相反的电子。

如果是有 3 个电子的锂原子，其中的两个电子处于基态，第三个电子必须位于第二低能级的能量状态。而第二低能级状态实际上总共可以包含 8 个电子，其中 2 个为球形对称状态，其余电子填充了三个分离的非球形状态。n 值相等的能量状态组成了壳层（shell），如果电子填充了全部能量状态，这就是"闭壳层"（closed shell）。因此，锂原子有一个电子位于闭壳层外，拥有 11 个电子的钠原子也是如此，即 2 个电子在 $n=1$ 的闭壳层，8 个在 $n=2$ 的闭壳层，一个电子位于 $n=3$ 的壳层。众所周知，钠的很多性质与锂类似，而构成元素周期表的基础，正是不同元素之间存在的相似之处。元素周期表的整体结构可以从原子的壳层结构来理解，科学家从与电子有关的量子波推导出的规律，也恰恰符合元素周期表。

通过上述方式，尽管我们可以较为详细地描述原子的电子结构，但是想对能级进行精确计算，难度还是很大。这是因为，如果原子含有超过一个电子，电子间就会互相排斥，因为它们带的电荷种类是相同的，而且电子还会受原子核的吸引。即便是只有两个电子的氦原子，我们也无法用薛定谔方程算出能量和波函数的代数答案，而且随着电子数量的增加，问题的难度只会变得更大。此外，球形和非球形状态能量完全相等的情况只出现在氢原子中，所以其他原子的光谱状况要复杂得多。不过，现在计算机技术已经在很大程度上接管了传统数学无法完成的工作。使用计算机对任何原子进行计算后，我们发现，允许能级的数值及波函数的数学表达均与实验结果保持一致。所有证据均表明，量子力学理论能够对原子级别的物质的性质进行全面的解释。

章后小结

我们在这一章里介绍了量子力学的核心概念，在后面的章节里我们也会继续延伸并使用这些概念。读者需要理解我们在下面总结出的这些基本原理。

- 提到经典波动，我们可以想到水波、声波和光波。这些波有着各自不同的频率，频率确定了波每秒平均的振动次数。这些波也有各自的波长，波长确定的是波在任意时间重复的距离长度。
- 波分为行波和驻波两种。
- 行波的运动速率由波的频率和波长决定。
- 因为波被限制在一个区域内才会形成驻波，因此驻波的波长及频率为一组固定值。典型的例子就是乐器发出的声音。
- 尽管有证据证明光是一种波，但在某些情况下，光却表现得像一束粒子，被称为光量子，或者"光子"。
- 与此类似，像电子一样的量子粒子有时也会表现出波的属性。
- 当电子受到势能限制时，我们可以把这个势能想象成一个"盒子"，这时产生的物质波就是有着特定波长的驻波。而这反过来会导致电子能量量子化，也就是说，其数值为一组固定值中的一个。

- 当一个量子系统从一个能级跃迁到另一个能级时，能量的变化量由一个进入或离开的光子决定。

- 量子粒子具有波属性，使得它们能够穿透从经典物理学角度无法穿透的势垒。

- 经计算得出的氢原子能级与实验测量的结果完全一致，这是证明量子力学理论的强有力的证据。

- 泡利不相容原理表明，同一个量子态里不能存在两个电子。由于电子存在两种自旋状态，所以每个驻波最多可以包含两个电子。

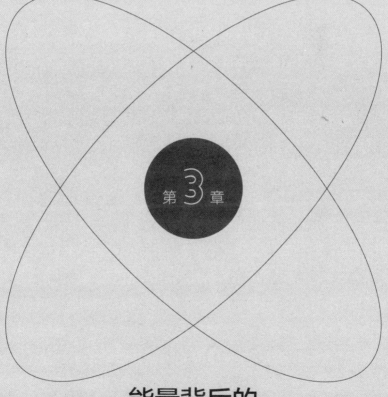

QUANTUM PHYSICS

第 **3** 章

能量背后的
量子力学

　　我们在这一章里将会看到，量子在人们获取能量的过程中发挥了怎样的重要作用。从人类发现并学会使用火开始，量子力学就直接参与到了能源生产环节；即便是在现代生活中不可或缺的众多能源生产领域中，量子力学依旧起着重要的作用。燃油汽车需要汽油，我们也会用天然气作为燃料。如今，电在我们的家庭生活中起到了重要的作用，但我们需要记住，电本质上并非能源，而是能量的转移，是将能量从一个地方转移到另一个地方。电在发电厂里产生，源自储存在燃料中的能量，而燃料既可以是类似煤、石油或天然气这样的化石燃料，也可以是类似铀或钚这样的核燃料，也有可能是如太阳能、风能或波浪能这样的可持续能源。其中，只有风能和波浪能的获得并不直接以量子力学原理为基础。

化学燃料

　　像木头、纸、石油或者天然气这样的燃料中含有很多烃，烃是主要由氢原子和碳原子组成的化合物。当这些物质在空气中被加热时，氢、碳与空气中的氧气结合，分别形成水和二氧化碳。在这个过程中，能量以热能的形式被释放，这些热能有很多用途，比如在发电厂用于发电，或者为汽车提供动力。

想知道这些用途与量子力学有着怎样的关系，我们可以以一个最简单的化学作用为例进行说明：如图 3-1 所示，两个氢原子结合在一起，形成氢分子。一个氢原子中有一个电子，这个电子被电荷正负相反但数值相等的一个质子所吸引。因此，一个氢分子包含两个质子和两个电子。

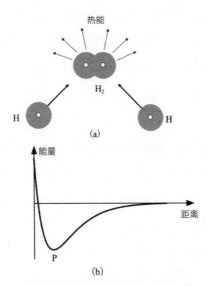

图 3-1　氢原子结合形成分子时的能量变化情况

注：在图 3-1（a）中，当两个氢原子结合在一起形成氢分子时，这个系统的总能量将减少，多余的能量以热能的形式被释放出去。图 3-1（b）展示的是氢原子间距离发生变化时的不同能量系统。分子的最终状态对应的是标有 P 的能量最低点。

我们在第 2 章里提到过，电子的波属性使得氢原子的能量被量子化，其数值为确定的一组能级中的一个。非激发状态下，原子处于最低能级，也就是"基态"（ground state）。

现在，我们思考一下将两个氢原子放在一起时会给总能量系统带来什么影响。让我们先思考一下势能发生改变的三种形式。第一，因为两个带正电荷的质子之间会产生静电排斥，所以势能会增加；第二，因为每个电子现在都受两个质子的吸引，所以势能会减少；第三，两个带负电荷的电子互相排斥也会导致势能增加。此外，因为电子可以在两个原子核之间围绕原子核运动，所以电子的动能也会减少，因此限制这些粒子的有效空间也会增加。我们已经从第 2 章里知道，描述一个盒子里的粒子的量子行为时，盒子越大，粒子基态的动能就越低。

我们还注意到，依据泡利不相容原理，假设两个电子的自旋方向相反，两个电子都会处于基态。上述这些变化最终能够带来的影响，取决于两个原子之间的距离：当两个原子远远分开时，总能量的大小几乎不变；当两个原子的距离非常近时，两个原子核之间的静电排斥力就会很强，但在距离适中时，总能量仍会减少；当质子之间的距离约为 7.4×10^{-10} 米时，如图 3–1（b）所示，总能量减少得最多。这时，氢分子的能量与彼此分离的氢原子之间的能量差，相当于氢原子处于基态时能量的 1/3。多出来的能量去哪里了？答案是，其中一部分成为运动着的分子的动能，剩余部分则以光子形式释放了出去。而这两种形式本质上都是热能，所以整体表现就是温度升高，而这正是燃料的作用。

上面的例子说明了原子结合形成分子时释放能量的基本原理，可氢元素在现实中并非有效的能量来源，因为地球上现有的氢气就是由分子构成的。我们可以举出一个更有现实意义的例子，那就是使氢原子和氧原子结合在一起形成水分子：基态水分子的能量低于构成一个水分子的一个氧原子和两个氢原子的基态能量之和。需要注意的是，和氢气一样，氧气也是由双原子分子组成的。

如果我们只是在室温状态下将氢气和氧气混合在一起，那么什么事情也不会发生。这是因为，在氢与氧结合在一起形成水之前，氢分子和氧分子必须先各自分解为原子，而这个过程需要输入外部能量才能进行。可一旦形成一定数量的水分子后，形成过程中释放的能量便足以使更多的氢分子与氧分子分解，整个过程很快就能变得自给自足。在实验室或厨房里用一根火柴点燃气体火焰就是最好的例子：火柴带来的高温分解了一部分火焰附近的氢分子和氧分子，使得这些原子结合在一起形成水分子，并释放能量，加热更多的气体，进而使这些气体也能燃烧。接下来，这个过程可以自动进行，由此制造出来的热量可以用于取暖、烧水等活动。

这个例子提到的原理适用于所有化学燃料，我们在后面也会看到，这个原理同样适用于核能。像石油或天然气这样的烃类燃料，其中的分子主要由碳与氢构成，这些元素可以在很长一段时间（数百万年）里保持稳定。即便在室温状态下暴露于空气中，这些化合物也能保持不变；可一旦输入外部能量分解分子，原子就会重新排列，形成水和二氧化碳，并释放能量。这个过程涉及的就是量子力学原理：量子基态的水和二氧化碳分子含有的总能量低于最初烃类分子的总能量。若想发起这个改变，我们就必须提供能量；一旦混合物被加热到足够高的温度，这个过程就能自动进行（除非被人为熄灭），能量会不断被释放，直到燃料耗尽。

核燃料

核能的反应原理与化学燃料极为相似，只不过核反应过程涉及的能量要大得多。我们在第 1 章里提过，一个原子的原子核由一些质子和中子组成，这些粒子被强大的核力束缚在一起。原子核的结构也要遵守量子力学规则，不过具体细节比我们在第 2 章里讨论的原子例子要复杂得多。这是因为在第 2 章的例子中，电子被质量更大的原子核吸引，而原子核内互相作用的质子与中子的质量却基本相同。不过，两种情况的最终结果却很相似：和原子一样，原子核的能量也被量子化为一组能级，其中最低能量状态就是"基态"。

我们可以举出一个与前面使两个氢原子结合为一个氢分子极为相似的例子，那就是让两个氢原子结合为一个原子核的"核聚变"过程。氢原子核里只有质子，因此形成的新原子核被称为氘（重氢）。我们在第1章里提过，氘是氢的同位素，它的原子核由一个质子和一个中子组成，天然氢气中氘的含量仅有0.02%。因为中子不带电，所以额外的正电荷就必须去往某个地方。

实际上，这个额外的正电荷通过一个正电子（与电子相同，只是带正电荷）和一个中微子（一个极小的中性粒子）的散发而被释放。氘原子核的基态能量比两个质子的能量之和低很多，所以我们大概会认为，宇宙间的所有质子在很多年前就应该聚变为氘原子核，就像所有氢原子结合在一起形成氢分子一样。现实中之所以没有出现这种情况，是因为两个带正电荷的质子之间会产生静电排斥。将质子束缚在原子核中的强大核力是一种短程力，只有在核子间的距离小于10^{-15}米时才能发挥作用。当质子彼此靠近时，静电排斥会逐渐变大，直到核力开始起作用，进而创造出如图3-2所示的势垒。

按照经典物理学观点，这个势垒会彻底阻止质子的结合。可从现实来看，质子可以通过量子隧穿（详见第2章）穿透这个势垒。进一步的计算结果表明，除非质子以非常快的速度撞向彼此，否则质子实现量子隧穿的可能性非常低；当质子高速运动时，有效的隧穿势垒就会变得又低又窄（详见图3-2）。由此，我们得到了一个与前面提到的点火过程非常相似的流程：为了获得聚变能量，我们必须先输入能量。然而，核聚变所需的能量，相当于将温度升高几百万摄氏度。核聚变获得的能量同样很大：两个质子聚变释放的能量，相当于两个氢原子结合形成氢分子时释放能量的1 000万倍。

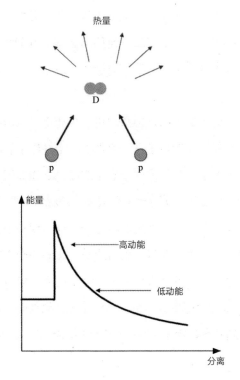

图 3-2　两个质子聚变形成氘原子核时的能量变化情况

注：两个质子发生聚变形成氘原子核（D）时，会释放能量，并发射一个正电子和一个中微子（图中未显示这两个粒子）。但在这个过程发生前，两个质子必须先穿透由于静电排斥而形成的势垒。质子发生隧穿的概率极低，除非以极快的速度对撞，从而产生极高的动能，才能让有效势垒变得又低又窄。需要注意的是，这个图的刻度大约是图 3-1 的 2 000 倍，所表示的过程释放的能量大约是图 3-1 所示过程的 100 万倍。

　　自然界中，温度能达到 1 000 000℃ 的一个地方是太阳，事实上，正是核聚变让太阳能够持续发光。除了两个质子聚变形成氘外，还有很多其他形式的核聚变，最终会形成极为稳定的原子核，也就是铁原子核。核聚变也是制造类似氢弹的核武器的基本原理之一。核武器的点火装置需要利用核裂变产生的核爆炸来启动，我们很快就会谈到这个问题。核爆炸可以把物质加热到足够发生核聚变的程度，随后，核聚变就能自动进行，进而导致猛烈的爆炸。过去的 50 多年，关于如何获得可控核聚变能量并将其用于和平目的，已经成为核物理科学家们的奋斗目标[①]。这些研究面临的技术挑战极为复杂，用于获取并保持核聚变所需温度的机器极为庞大，而且这些研究也需要投入大量资金。类似 JET[②] 项目的国际合作因此成立，科学家现在相信，人类能在 21 世纪上半叶制造出产生大量核聚变能量的机器。20 世纪末，对于"冷核聚变"的研究让人们兴奋不已。因为"冷核聚变"意味着，不需要提供外部热量也能释放核聚变的能量。尽管"冷核聚变"的研究已经受到了广泛的怀疑与反驳，但有一些人仍在朝着这个方向努力。

还有一种经历多年研究和发展的核能产生方式是核裂变，也就是使一个原子核分裂为更小的碎片。我们已经知道，氘原子核基态的能量低于两个质子的能量之和，在形成更重的原子的过程中，这个趋势也会继续，直到铁元素的原子核出现。铁元素的原子核包含 26 个质子和 30 个中子。在铁元素之后，这个趋势出现了逆转；分裂

---

① 人类最有希望控制的核聚变，不是两个质子形成氘核，而一个氘核和一个氚（氢的另一个同位素，含有一个质子和两个中子）核聚合，形成一个氦核。

② JET: 欧洲联合环流器，全称为 Joint European Torus。因设备的形状为环形而得名。

一个更重的元素的原子核很可能导致基态的总能量减少，同时释放能量。若是想更深入地理解这个问题，我们可以想象一个重核分裂成两个大小相同的部分（见图 3-3）。

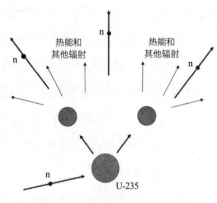

图 3-3　铀 235 的原子核的裂变过程

注：当一个中子进入铀的同位素铀 235 的原子核时，变得不稳定的原子核经过核裂变，会分裂成两个部分，释放多余的中子，并散发包括热能在内的其他形式的辐射。被释放的中子可以造成其他铀 235 原子核裂变，从而形成连锁反应。

发生裂变前，这两个部分被强大的核力牢牢地束缚在一起；可一旦两个部分分离后，两个带正电荷的碎片之间的静电排斥就会主导整个过程，将两个碎片推开至更低的能量状态，同时释放多余的能量。我们可以把这个过程看作两个质子聚变形成氘核粒子的逆向过程，只不过在这个过程中，两个碎片远远分离状态的能量低于合在一起的原子核的基态，所以原子核分裂时会释放能量，这就是核裂变。但在核裂变发生前,原子核首先需要突破能垒,这似乎暗示我们需要从外部为这个系统注入能量。而实现这个目标比核聚变案例还不现实,所以我们需要换一种方法。

启动核裂变的关键在于原子核结构的一些具体特性。科学家对此进行分析时,在全面考虑了核力和静电排斥的作用之后发现,稳定的束缚态只会出现在有限数量的特定质子与中子的组合之中。例如,铀236的原子核就不稳定,它的原子核里含有92个质子和144个中子。这种元素一旦形成就会立刻裂变,原因就是不存在能垒阻止这种"自发裂变"。与此相对,核子数量少一个的原子核(即铀235)则相对稳定,但这种同位素在天然铀中所占的比例很低,不到1%。因此为了激发铀235裂变,我们可以将一个中子加入其原子核。由于中子不带电,所以不存在阻止其进入铀235原子核的能垒。中子进入原子核后,铀235就会变为铀236,进而导致裂变。我们注意到,完成这个过程的中子不需要携带额外的能量。实际上,如果中子运动的速度过快,它甚至有可能经过铀235的原子核而不与其产生相互作用。核裂变不需要外部能量就能进行,可想要启动核裂变,我们就必须提供中子。

按照前文的描述,核裂变是重核分裂为两个较小的碎片,但现实中核裂变的过程明显更加复杂,尤为复杂的是在这个过程中以高能 α 粒子(即 He^4 原子核)形式散发的辐射,以及释放出的自由中子。这些中子可以导致附近的铀235原子核发生裂变。以上过程因此可以不断复制，导致连锁反应，使得一块铀 235 里的所有原子核在极短时间内发生裂变，从而导致与原子弹有关的猛烈爆炸。想要启动这个过程，我们似乎只需要在原子核中加入一些中子，可事实上，铀 235 存在小概率的自发裂变的可能，从而生成一些中子。其中一些中子可能撞击其他铀原子核，导致这些原子核分裂。如果铀碎片的尺寸太小，很多中子会从中逸出，使得裂变过程无法自给自足。但当铀元素样本足够大时，裂变过程就能不断重复，形成连锁反应。因此，引发核爆炸需要的只是创造铀 235 的"临界质量"，也就是将足够数量的铀 235 集合在一起，保存在一个地方，直到完成连锁反应。

引爆原子弹时，人们利用传统的爆炸方式将两块或更多小块铀元素迅速结合在一起而实现爆炸反应。与之相对，科学家也设计出了核反应堆，主要原理是控制裂变过程，使得核裂变释放的能量可以用于发电。除非材料含有足够高浓度的铀 235，否则核爆炸和核反应堆都不能起到预期的作用。我们在前面说过，天然铀中只有约 1% 是铀 235。科学家必须对材料进行浓缩，使铀 235 的浓度达到 20% 左右，才能将其用于核反应堆，而"武器级"的铀中含有的铀 235 的浓度需要达到 90%。铀浓缩技术难度极高且成本高昂，因此，它成为利用核能，特别是在军事领域应用的一道重大技术障碍。然而对人类而言，这无疑是一件幸事。

至于核反应堆，全球各地存在多种设计方式。图 3-4 展示的是压水反应堆的设计原理。装有浓缩铀的控制杆与高压水装在同一个容器里。水在这里被当作"慢化剂"，也就是说，中子与水分子相撞后，其动能将减少，而水会吸收中子的一些能量，水温会升高。事实证明，与高能中子相比，慢中子在引发铀原子核裂变时反而更高效，因此慢化过程能够提高核裂变的效率。由于反应堆里的水承受着极高的压力，因此这些水可以被加热到极高的温度而不沸腾。高温水被排出压力容器后，这些能量将被用于加热正常压力的水，由此产生蒸汽，蒸汽可以推动涡轮机发电，此时冷却的高压水将循环回到压力容器。放入水中的控制杆由类似硼的材料制成，可以吸收经过的中子。这些控制杆能够减少可用于引发更多核裂变的中子数量，从而控制核反应的速率。

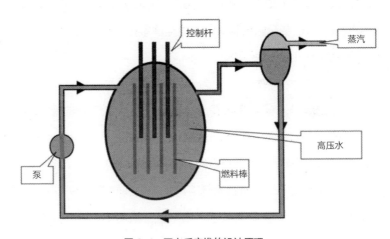

图 3-4　压水反应堆的设计原理

注：在高压水反应堆中，当裂变过程产生的中子与水分子碰撞时，能量就会转移。造成的结果是，水被加热，中子被减慢，导致进一步的裂变。用吸收中子的材料制成的燃料棒在控制杆的调控下控制核反应的速度。高压热水被用来产生蒸汽，蒸汽再用来产生电力。

不论核裂变还是核聚变，这两种方式都通过引发粒子从高能量子态向更稳定的低能级跃迁的方式制造能量。量子力学定律及中子和质子的波属性反过来决定了这些能级的性质。量子力学在实践中的重要意义在这里又一次得到了证明。

有些读者可能早就知道，爱因斯坦发现的质能公式对核能的发展起到了至关重要的作用，读者可能也会因为我们到现在还没讨论这个问题而惊讶。之所以如此，是因为这里存在一个极为常见的误解。让我们回到核聚变的例子，氘原子核的质量确实略轻于两个质子的总质量，我们也可以用爱因斯坦著名的公式 $E=mc^2$，通过损失的质量去计算产生出来的能量。然而，质量减少并非能量出现变化的原因（能量改变是因为强大的核力与静电排斥），而是能量出现变化后导致的不可避免的结果。

而爱因斯坦的公式意味着，质量的改变一定伴随能量的改变，其中也包括我们在前面提到的因为化学反应而发生的质量变化。因此，当我们燃烧氢气和氧气获得水时，水分子的质量应当比组成它的氢原子和氧原子的总质量略低。可是在燃烧的情况下，质量的变化极其微小，人们很难测量（一般来说，质量变化小于一亿分之一）。不过在获得核能的情况下，质量的变化却明显得多：例如，两个质子的总质量比它们经过聚变形成的氘多大约 0.05%。这种质量差别相对容易测量，而且从历史上看，正是依据爱因斯坦的质量与能量公式做出的解读，才最终让科学家意识到能量与强大的核力之间究竟有着怎样的联系。但是，这并没有改变因为能量变化导致质量发生变化的事实，并不能反过来说因为质量变化才导致能量发生改变。

绿色能源

大约从 20 世纪最后 20 年开始，人类逐渐意识到自己对地球能源的开采、利用引起了大量环境污染之类的问题。最初的一些担忧集中在核能领域，核反应过程和处理放射性废弃物不可避免地会产生核辐射，有些人担心无法控制核辐射带来的危害。一些重大核事故无疑加剧了公众在这方面的担忧，尤其是切尔诺贝利核事故，导致大量放射性物质飘散到了欧洲甚至更远的地方。

但在最近这些年，传统能源生产方式带来的长期影响变得越来越明显。其中最主要的影响之一，就是全世界的气候有可能因为全球变暖而发生改变：大量迹象表明，燃烧化石燃料导致地球表面和低层大气的温度逐步升高，而这会导致两极冰盖融化，从而导致海平面上升，进而让地球上大量的人类居住区面临洪水的威胁。我们甚至还有可能面临失控的风险，温度不断升高，最终导致地球变得完全不适宜人类居住。面对众多可能出现的灾难，人类寻找其他可持续能源的兴趣迅速提高。在这一部分里，我们首先要讨论量子力学通过温室效应在全球变暖问题上发挥着怎样的作用，再去了解量子力学在一些可持续能源的发展上能够起到什么作用。

温室效应之所以有这样一个名字，是因为它与很多花园里玻璃温室的原理类似。阳光穿过透明的玻璃，在这个过程中不会被吸收，随后照射到地面和温室中的其他物体上，提高了温室地面和其中物体的温度。被加热的物体试图通过释放热辐射而降温，但热辐射的波长比阳光长得多，因此不那么容易穿透玻璃，所以大部分热量又重新反射回温室中，具体可见图3-5（a）。以上过程会不断循环，直到玻璃被加热到向外散发的能量与阳光照射进温室内的能量相同的程度。对流也会加速后一个过程的发展：接近温室底部的空气被加热，空气密度变小后上升到温室顶部；这些气体协助加热玻璃后，自身温度降低，随后再次沉到温室底部。

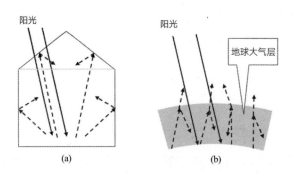

图 3-5 温室效应产生的原理

注：在图 3-5（a）中，阳光（用实线表示）可以穿过温室的玻璃，加热其中的物体，而这些物体会散发热辐射（用虚线表示）。热辐射的波长比阳光长得多，很难穿透玻璃，因此温室内会形成净加热。地球表面也会出现类似的效应，见图 3-5（b）。地球大气层对阳光来说几乎透明，但地球大气层中含有二氧化碳等温室气体。这些气体可以吸收热辐射，并将其中的一些热辐射重新反射到地球表面。

地球大气中产生的温室效应也遵循相似的原理，如图 3-5（b）所示。阳光基本不受阻挡地穿过大气层，加热了地球表面；被加热的地球表面辐射热量，其中一部分辐射被上层大气层吸收后重新散发，大约有一半重新散发的能量返回了地球表面。就是在这个过程中，量子力学原理扮演了重要角色。我们在第 2 章和本章中都提过，当电子被限制在一个原子或分子中时，波粒二象性原理保证了这个系统的能量一定是一组量子化值中的一个。此外，吸收一个光子可以将上述系统从基态中激发，但前提是光子的能量必须等于两个能级的能量差。

热辐射的波长为 10^{-6} 米，上述一个光子的能量与分子中原子振动相关的两个能级之间的能量差大致相等，我会在下面更具体地解释这个问题，这样的振动并不会激发氧气和氮气（空气的常见成分）分子，却可以激发其他分子，特别是水和二氧化碳分子。

一个光子撞击这样的分子后可以被分子吸收，导致分子进入激发态。分子通过释放一个光子而迅速回到基态，但释放的光子可以朝向任意方向。光子既有可能回到地球表面，也有可能散逸到外太空。

这些"温室气体"扮演的角色与传统温室中的玻璃相似，而这一过程会导致地球表面及其大气层温度不断升高，直至温度高到能将进入大气层的所有能量全部重新辐射出去。科学家预测，如果没有二氧化碳，地球表面温度会比现在低 20℃；如果大气层中现有的二氧化碳总量翻倍，那么地球的温度就会提高 5 ～ 10℃，而这当然会对地球上承载着生命的脆弱平衡造成危害。

我们在前面提过，水实际上也是一种温室气体，但大气中水蒸气的含量取决于地球上液态水（主要是海洋表面的水）蒸发与再凝结之间的平衡。而这个平衡由地球表面及其大气层的温度控制，目前总体上保持不变。可如果地球表面温度显著提高，那么大气中的水蒸气含量也会显著增加，而这会进一步加剧全球气候变暖，从而导致更多的水蒸气产生，并继续循环下去。科学家甚至认为，地球可能出现像金星一样的失控情形，而金星的表面温度现在已经达到450℃。

不过至少从短期来看，我们需要担心的不是水蒸气，而是甲烷之类的其他气体，尤其是二氧化碳。随着大气中二氧化碳的含量不断升高，温室效应导致地球温度随之上升，造成了全球气候变暖。人类活动，尤其是燃烧化学燃料，是造成温室效应的主要原因。

按照科学家的预测，从大约1700年人类开始工业活动时起到现在，大气中的二氧化碳含量增加了约30%，而且目前在以每年0.5%的速度继续增加。如果这个趋势持续下去，大气中的二氧化碳含量在约150年时间里将会翻倍，从而导致地球的温度提高 5 ～ 10℃。

从量子力学角度出发，我们可以更深入地了解为什么像二氧化碳这样的气体会成为温室气体，而空气中更常见的组成部分，比如氮气和氧气，却起不到这种作用。我们在第 2 章里提到，将电子从原子基态中激发所需的能量，相当于可见光里一个光子的能量。然而，地球表面散发的热辐射里一个光子带有的能量，却不到前述光子能量的 1/10。因此，吸收这样的低能辐射必须有另一种过程参与。这里的关键点在于，在一个分子中，原子核可以彼此相对振动。

我们在这一章前面讨论分子的形成时发现，原子核之间的距离，等于不同能量相加后总和为最低能量状态时的距离，如图 3-1(b) 所示。这意味着，如果我们能将原子核之间的距离拉大到稍稍偏离这种平衡的状态，能量相应就会增加；如果放开原子核，它们就会回到平衡点，将多余的能量转变为自身运动时的动能。原子核超过平衡点后，会减慢速度，重新回到平衡点。除非能量出现损失，否则这样的振动会一直持续下去。从这个角度出发，分子中的原子核就像被弹簧连接的质点，随着弹簧的拉伸、收缩而进行振动。

图 3-6 展示的是二氧化碳分子中的这种现象，一个二氧化碳分子由线性结构的一个碳原子和两个氧原子组成。我们在第 2 章从量子力学角度探讨了振子，发现振子存在能级光谱，具体以普朗克常数乘经典振动频率的值来划分。我们在第 2 章里还知道，辐射量子的能量等于普朗克常数乘上辐射频率。因此，如果辐射的频率等于振子的频率，能量就会被吸收。地球表面散发的热辐射存在多种频率，其中包含大气中气体的振动频率，自然包括如二氧化碳一样的温室气体。

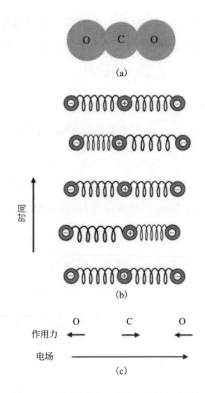

图 3-6　二氧化碳分子中原子核的振动现象

注：图 3-6（a) 展示的是二氧化碳分子中的电荷云。如图 3-6（b）所示，
分子中的原子可以像被弹簧连接一样，在分子中运动。以二氧化碳分子为
例，位于中间的碳原子带有一个净正电荷，外面的两个氧原子则带有负电
荷。向分子施加电场后，方向相反的力会作用于氧原子和碳原子。这两种
原子会像图 3-6（c）一样做出反应，从而激发如图 3-6（b）一样的振动。

　　以上原理不仅适用于氮气和氧气，也适用于二氧化碳气体和水
蒸气，所以我们还需理解为什么热辐射能导致后两种气体振动，却
不能让前两种气体振动。为了解答这个问题，我们首先需要回忆第 2

章提到的原子中电子的波函数。那时我们注意到，只要原子保持在基态，电荷就相当于遍布在原子的空间中，其中任何一点的浓度与那一点的波函数的平方成比例。这个原理也适用于分子的基态；大体上，分子里的电荷分布也呈重叠的球形云状，具体可见图 3-1（a）的氢分子。由于两个氢原子一模一样，因此形成的氢分子是对称的，两个重叠的电荷云也一模一样。但构成更复杂的分子却不是这么一回事，尤其是二氧化碳的最低能级状态。事实证明，环绕着中心碳原子的电荷云的总电荷略少于 6 个，因此无法完全与碳原子核的正电荷实现平衡，而围绕着每个氧原子的电荷又略多于每个自由氧原子的 8 个电荷。由此产生的结果就是，尽管一个分子里电子携带的总负电荷与原子核的总正电荷能够达到平衡，但实际上每个氧原子会带有一些净的负电荷，而碳原子会带有正电荷，与氧原子的负电荷互相抵消。现在，我们可以思考将这个分子放入一个以其长度为方向的电场中会出现怎样的情况。

回到图 3-6（b），我们可以看到，碳原子被拉向一个方向，而氧原子被拉向另一个方向。因此，一个频率合适的电磁波可以激发分子进行振动，而振动态中的碳原子的运动方向与两个氧原子相反。这就使二氧化碳分子吸收能量后能朝任意方向重新散发能量，从而导致温室效应。当电场方向与分子长度方向垂直时也会发生类似情况：碳原子朝一个方向运动，两个氧原子朝另一个方向运动，这时作用力会导致分子发生弯曲。只要辐射的频率合适，这同样会导致温室效应。

可为什么像氧或氮这样的分子中没有出现类似现象呢？原因在于，氧和氮的分子中含有的是两个完全一样的原子，因此这两个原子要么保持电中性，要么携带相同的净电荷。不管怎样，两个原子不会在电场作用下被推向相反反向，所以电磁波无法引起原子振动，这样的气体也就不会在温室效应中发挥作用。

如果说量子力学是导致温室效应及其连带问题出现的原因之一，那么量子力学能否帮助人类避免并解决这些问题呢？我们已经知道，核反应遵循量子力学定律，不会制造二氧化碳或其他温室气体。因此，不管是通过核裂变还是核聚变，生产核能均不会导致温室效应。读者想必已经知道，核能本身也有问题，而且从 1980 年起，核能给公众留下了极为糟糕的印象。然而近些年来，一些环保主义者开始修正他们的观点。此外，还有其他绿色能源，包括风能、波浪能和太阳能。

尽管空气和水由原子组成，而这些原子的存在与性质同样遵循量子力学原理，但风和波浪的运动却遵循经典物理学原理，与其内部的原子结构无关。所以，正如第 1 章里的论述，我们不会把这些现象归入量子力学。太阳能主要以两种形式出现：太阳能可用于加热生活用水系统，这个过程并不涉及量子力学原理；但太阳能也可用于光电池发电，而光电池能否工作显然以量子效应为基础。想要理解这些原理，我们首先需要了解量子力学在制造电子设备过程中的应用。我们会在接下来的两章里讨论这个问题，并在第 5 章最后继续讨论光电池的工作原理。

章后小结

在这一章里，我们了解到量子力学在能量生产领域扮演了怎样的角色，正是这些能量，为人类的文明发展提供了动力。本章的要点如下：

- 当原子结合在一起形成分子时，分子基态的能量低于独立原子的总能量之和，多出来的能量会以热能的形式散发出去。这是所有化学燃烧生成能量的基本原理。

- 当两个原子核结合在一起时，能量释放方式与化学燃烧大体相同，只不过产生的能量是化学燃烧的几百万倍。核聚变，不仅为太阳和星星带来了能量，也是氢弹能够爆炸的原因。科学家至今仍在研究可控核聚变的能源生产方式。

- 当一个中子被加入类似铀 235 的重核中时，原子核会发生裂变，分裂成更小的碎片。这个过程会释放更多中子，这些中子有可能引发连锁反应。这个过程可能变成原子弹式的爆炸，也可以像在核反应堆那样的受控状态下生产能量。

- 量子力学原理解释了温室效应为什么会导致全球变暖。阳光穿过地球大气层后加热地球表面，但地球表面散发的热辐射被大气中的二氧化碳吸收，其中大约有一半的热辐射重新释放到了地球表面。而大气层中二氧化碳含量的增加，是燃烧化石燃料的结果。

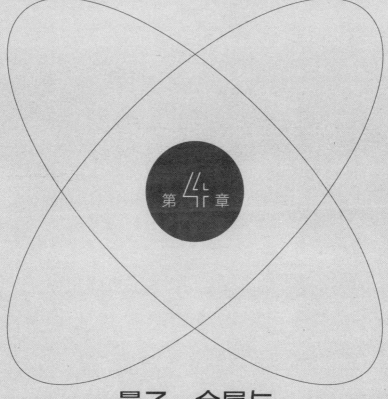

QUANTUM PHYSICS

第4章

量子、金属与
绝缘体

图

片

我们这些有幸生活在电力时代的人都知道，电是现代生活不可或缺的资源。我们用电照亮房间和街道，用电烹饪食物，也依靠电去驱动可以处理信息的计算机。我们希望在这一章里说明，以上一切都是量子力学原理在现实生活中的应用。我们尤其希望通过量子力学说明，为什么不同固体所具有的导电性能会存在这么大的差别，其中既有能够导电的金属，又有完全不能导电的绝缘体。我们在第5章里还会把讨论延伸到"半导体"，正是这种材料拥有的特殊性质，才让我们能够制造出计算机芯片这一信息技术的核心产物。

我需要再次强调，电本身并不是能量，而是能量的转移，将能量从一个地方转移到另一个地方。电在发电厂里产生，而发电厂的能量来自某种形式的燃料，例如石油、天然气或核物质。当然，风能、波浪能和太阳能也能发电。我们在第3章里了解到，量子力学原理在以上部分反应过程中起到了一定作用。

我们在生活接触的电，以电流的形式在金属线组成的网络中传导。这些金属线将遥远的发电厂与墙上的插座连在一起，为我写作这本书时使用的计算机供电，如图4-1（a）所示。图4-1（b）展示的是一个简单的电路，其中包含一个为电路提供电流的电池，还有一个电阻器。我们需要理解电路的运行方式，了解前面这些术语的含义。

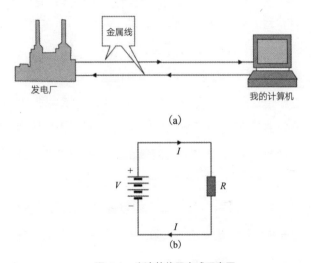

图 4-1　电流的传导方式示意图

注：如图 4-1（a）所示，发电厂通过一根电线将电流传导到我的计算机，电流通过另一根电线回到发电厂。电线由金属制成，这样才能导电。图 4-1（b）展示的是一个简单的电路。电池制造的电压 V 驱动电流 I 在电路中运动，并穿过电阻器 R。由于电子带负电荷，所以电子的运动方向与常规电流相反。

首先需要了解的概念是电池，电池中含有一组电化学电池（electrochemical cell），通过化学反应过程在每个电池的两极分别生成正电荷和负电荷。这些电荷可以对与它们相连的任何移动电荷施加作用力，由此产生的势能就是电池制造的电压。

其次需要了解的概念是电线，这种连接线由金属制成（很快我就会讲到具体细节），而金属这种材料中含有能在其中自由移动的电子。如图 4-1（b）所示，当电线与电池连在一起时，靠近电池负极的电子会被排斥力推动着在电线中运动，这些电子沿着电路移动，直到抵达电池正极，在那里被正极吸引，接着穿过电池，从负极逸出，然后重复上述整个过程。因此，电流在整个电路里移动。

需要注意的是，由于电子携带了一个负电荷，人们认为常规电流的运动方向与电子的运动方向正好相反。这是因为在电子被发现前，人们已经形成了电流的概念，也确立了正电荷和负电荷的传统定义。图 4-1（b）还展示了电流通过电阻器时的情况。电阻器，顾名思义，是一种可以阻止电流的设备，而电阻器能否阻止电流通过，取决于"电阻"这个特性。电流通过电阻所需的电压，与电流和电阻的大小成正比，这就是欧姆定律（Ohm's law），我们会在本章的末尾详细讨论。除了超导体（详见第 6 章），所有物质都会对电流产生一定的阻力，只不过铜线的电阻非常小。电阻器通常由特定的金属合金制成，专门设计成能对电流产生显著阻力的金属元件，没能通过电阻器的电流将会损失一些能量，这些能量会转化为热能。这是所有电热器的工作原理，比如电热水壶、洗衣机或电暖器。

有些物质，比如玻璃、木头和大多数塑料，都属于绝缘体（insulator）。由于它们的电阻极高，任何电流都难以通过这些物质传导。这样的物质在电路设计中起到了重要的作用，因为它们可以分隔载流导线，确保电流能够朝着我们希望的方向运动。想必读者对民用环境下的电路并不陌生，我们家中的电线均包有塑料套，以防止它们与其他物体或人体接触。

金属与绝缘体之间拥有堪称最为显著的物理性质差别。优质金属的导电性可以达到优质绝缘体的一万亿（10^{12}）倍。不过我们也知道，所有物质均由原子组成，而原子又由原子核和电子组成。为什么各种物质的性质存在显著的差别？我们仍可以在量子力学中找到答案，如果电子不是带有波属性的量子物质，我们就无法对以上现象做出合理的解释。

在第 2 章研究原子时我们发现，电子会占据能量"壳层"，一般来说，在最外部、能量最高的壳层里只有一个或两个电子。当这样的原子组合形成分子时，上述电子不再束缚在特定的原子上，而是在原子间自由地运动，第 3 章里提到的氢分子就是这类例子。某种程度上我们可以说，固体就是一个巨大的分子，原子相当紧密地维系在一起，外层电子不再被某个特定原子束缚。从现在开始，我们将会区分这些自由电子和带正电荷的"离子"（ion）。所谓"离子"，指的是一个原子的原子核及其内层电子。不做深究的话，我们可以假设自由电子的运动不受离子的影响。不过我们在后面会发现，离子的存在使得我们必须修正上述观点。我们会发现，如果离子形成类似晶体那样的规则排列，电子的波属性意味着它们在金属里可以几乎不受阻拦地移动，但在绝缘体中却会彻底停滞。

我们在前面提到，在电路中移动的电流一般包含一个驱动电流移动的能量来源（电池）和一个负荷（电阻器）。让我们稍作简化，想象一个如图 4-2 那样的回路。因为在这里不考虑离子问题，所以我们可以假设电子在回路上任意一点的势能是完全相同的。电子在回路中可以朝任意方向移动。因此，如果出现电流，那么更多的电子一定朝着与电流相反的方向运动；如果没有电流，那么会有相等数量的电子分别按顺时针和逆时针方向运动。

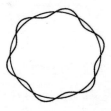

图 4-2　回路总长度与电子波长关系示意图

注：由金属线组成的电路，回路的总长度必须等于电子波长的整倍数。

想象其中一个电子以一定速度朝一个方向运动。我们在前几章已经了解到，这个电子的波函数是行波，波长由电子的速率决定。可由于金属本身就是闭合回路，所以这个波只有向右沿回路移动，与自身结合后才能存在。而这意味着，如图 4-2 所示，回路的总长度必须等于波长的整数倍，我们在"数学小课堂 4–1"里对此进行了详细解释。读者会注意到，对于无论电子朝哪个方向运动而形成的两个行波来言，它们的波长都是确定的，根据我们在第 2 章末尾提到的电子自旋和泡利不相容原理，每个行波可以容纳两个电子，因此，每个能级最多可以容纳 4 个电子。

　　为简化起见，我们假设电线极细，因此电子的运动被限制在回路中，完全可以忽视电子的跨线运动。事实证明，这种一维模型的大部分物理性质与现实中的三维实体极为相似。不过这个原理也存在一些例外，我们会在本章的最后进行详细讨论。

数学小课堂 4–1

　　根据图 4–2，我们假设金属线的总长为 L，电子的波长为 l。因此，电子波向右运动时，只有在以下情况下才能与自身结合：

$$L=nl$$

　　其中 n 是一个整数。与盒子中的粒子的案例完全相同（见"数学小课堂 2–5"），这里电子的能量等于 E_n：

$$E_n=(h^2/2mL^2)n^2$$

每个 n 分别对应两个行波，一个行波沿顺时针方向，另一个行波沿逆时针方向。每个波最多可容纳两个电子，这两个电子的自旋方向相反。因此，前 4 个电子占据的能级是 $l=L$，能量为 $h^2/2mL^2$；接下来 4 个电子占据 $l=L/2$ 能级，能量为 $4h^2/8mL^2$；再接下来的 4 个电子占据 $l=L/3$ 能级，能量为 $9h^2/8mL^2$；剩下的以此类推。因此，如果金属中含有 N 个电子，这些电子就会占据波长最长的 $N/4$ 能级，而能量最大的能级波长为 $4L/N$，也就是说，它的能量是 $(h^2/8mL^2)N^2$。注意，这里的前提是 N 能被 4 整除，如果不能整除，那么最高能级所能容纳的电子数少于 4。

我们在第 2 章里已经提到，波长越短，电子的能量就会越大。在未激发状态下，电子会从最低能级开始，逐一填充有空位的能级，其中每 4 个电子的振动波长为一组允许值中的一个。我们可以用放进水桶里的球进行类比，最初放进去的几个球将会占据靠近水桶底部势能最低的位置，随着这一部分空间被占据，其他球不得不进入能量更高的状态。在量子力学的例子中，处于填充状态的最大能量被称为"费米能"（Fermi energy），这是以意大利物理学家恩里科·费米（Enrico Fermi）的名字命名的一个概念。需要注意的是，电子的总量十分庞大，一个长度为 10 厘米的原子链上有超过 100 亿个电子。不过我们也会看到，如图 4–3（a）所示，与导电性能相关的能量状态只会等于或接近费米能。

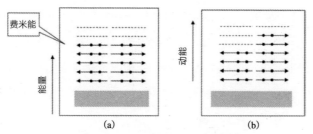

图 4-3 电压对于电子的作用示意图

注：一块金属中的电子的 5 个最高能级。从左向右、带有两个圆点的箭头代表在电路中沿顺时针方向运动的波（电路如图 4-2 所示），其中含有两个自旋方向相反的电子。虚线代表未被填充的能级，灰色区域代表的是大量未明确显示的能级。代表着电子的圆点和它们在线上的位置并没有实际意义。在图 4-3（a）中，顺时针和逆时针方向运动的电子平等地填充了能级，因此不存在净电流。图 4-3（b）中，外力提高了从左向右顺时针方向移动的电子的速度和动能，减小了从右向左逆时针方向运动的电子的速度和动能。因此，现在更多地填充了顺时针方向运动的电子波，由此产生了顺时针方向的净电流。

　　想象一下，如果我们通过施加电压之类的办法让电流通过金属会发生什么情况？如图 4-3 所示，假如我们向顺时针方向运动的电子（从左向右运动）施加外力，而这就是我们将电池或其他能量来源放入电路中会发生的情况。这个力往往会提升一个已经从左向右运动的电子的速度，并减慢一个朝相反方向运动的电子的速度。然而，电子运动速度改变意味着其动能也会出现变化，因此它的波长和量子态都会发生变化，而这只有泡利不相容原理才能解释。最终结果就是，除非电子的动能处于或接近费米能，否则顺时针方向运动和逆时针方向运动的电子之间的平衡不受影响。在这种情况下，电压的作用就是将一些逆时针方向运动、能量略低于费米能的电子，传送到位于其能级之上且之前有着空位的顺时针运动能级上。这就形成了电子的净顺时针流动，最终形成了图 4-3（b）所示的电流。我们在前面提到，电流的大小由电压和电阻的材料决定。我们会在本章后面解释电阻发挥作用的原理。

尽管我们对事实进行了一定程度的简化，但以上描述基本还原了电流通过金属回路时的情况。不过我们仍然需要了解，为什么一些材料能导电，还有一些却是能阻挡所有电流的绝缘体。想要回答这个问题，我们就需要考虑离子的作用。

离　子

截至目前，我们一直假设电子可以不受阻拦地在金属中自由运动，但我们知道，所有固体均由原子组成。我们可以合理地推测，最高能级壳层里的一个或多个电子能够轻松地从一个原子移动到另一个原子，因为我们一直忽略了电子与离子之间的任何相互作用。然而，我们不可能完全无视离子的作用，因为后者带有一个净正电荷，一定会与带负电荷的电子产生强烈的相互作用。这时我们可能觉得，一个想要在金属中移动的电子会与离子产生一系列碰撞，这些碰撞会严重阻碍电子的运动，阻止其形成明显的电流。打个比方，你可以想象自己在树木茂密的森林里沿直线行走，与小树枝相撞会不断阻碍你前行，导致你减慢速度，甚至彻底阻止你前进。为什么电子没有出现这样的情况？原因有二：第一，可以归结于量子力学原理，因为电子带有波属性；第二，因为固体由晶体组成，所以固体的一个关键特性，就是它们的离子以规律的、周期性的形式排列。现在我们来看看，以上性质结合在一起会对决定固体的电性能起到哪些作用。

相信读者对晶体都不陌生，但我们心目中的晶体更有可能是稀奇的物质，比如图4-4（a）中昂贵的宝石或上科学课时小心翼翼地培养出的晶体。当你得知包括金属在内的很多固体都是晶体时，你可能会感到惊讶。我们很快就会讨论这个问题，不过首先，我们需要了解晶体的主要性质，了解这些性质如何反映它们的原子结构。晶体有着平坦的表面、尖锐的棱角和规则的形状。此外，如果晶体被切割成小块，那么以上性质将保持不变，尤其是形状规则这个性质。

继19世纪发现物质由原子组成后，科学家又发现，晶体的形状就是原子结构规则排列后的结果。换句话说，晶体由大量结构完全相同的原子单位模块组成。这种模块简单而常见的表现形式就是立方体，也被称为"晶胞"（unit cell）。如图4-4所示，原子可以排列成立方体晶胞，而晶体就是连续不断重复的晶胞结合在一起形成的固体。图4-4（b）展示了从平面上看晶胞集合在一起的状态，而图4-4（c）展示的是铜原子如何构成铜晶胞。到了20世纪，当科学家用刚刚发现的X射线详细探测晶体时，原子结构的存在得到了确认。

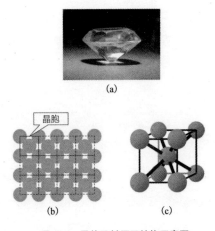

图 4-4 晶体及其原子结构示意图

注：图 4-4（a）展示的是一个钻石晶体。我们在图 4-4（b）中看到，
晶片排列成方形，并且在平面上不断重复这种排列方式。与此类似，三维
状态下，球体也可以结合在一起形成立方体晶胞，图 4-4（c）展示的是
铜晶胞。为了清晰起见，我们用小棒连接球体进行展示，而没有画成球体
互相接触的样子。

晶体在分散的 X 射线下展现出的状态，与科学家预测的物体的
原子结构呈周期性排列的状态完全一致。这些实验还表明，晶体性
质无处不在。尽管很多物质含有晶体结构，但有些物质并不会呈现
出明显的晶体状态，这是因为通常一个样本不是由单晶组成，而是
由大量随机排列的晶粒组成。这些一般只有 1 微米（10^{-6} 米）大的晶
粒虽然很小，但比常见原子大 1 000 倍左右。假设一个固体是由单晶
组成的，如果我们知道金属晶体如何导电，就能做出合理推断，认
为电流可以从金属线里的一个晶粒运动到另一个晶粒上，这个假设
也得到了实验的证实。

为什么金属能导电，而很多其他物质具有绝缘性？晶体性质对此做出了解释，原因就在其规律排列的结构上。我们知道，波也会在空间中不断地重复，但事实证明，波与晶体的相互作用极其微弱，除非晶体间的距离和波长一致，这时两者的相互作用才会非常强烈。现在我们可以更深入地理解这个问题，了解晶体如何带来前面提到的不同效果。到目前为止，讨论电子在回路中的运动时，我们都会假设电子在金属线回路的任何位置的势能是不变的。

现在，我们需要考虑当回路中含有按周期性规则排列的离子时会出现什么情况，这些离子形成了间距规则的离子串，我们可以把它想象成一个一维晶体。电子带负电荷，而离子带一个正电荷，因此离子周围的静电势比离子和电子中间位置的静电势更小，即吸引力更强。这也许会对能级的允许值及相应的波函数产生重大影响。

我们知道，波函数的平方等于粒子在某个点出现的概率，图4-5展示了电线中电子的波函数平方，以及离子和几种数值不同的波长的关系。在大多数情况下，如图4-5（a）所示，有些离子位于找到电子概率大的点，有些位于概率小的点，有些则位于两者之间。相互作用的势能平均值等于回路中所有点上势能的平均值。因此我们可以得出结论，所有能量状态都减少了数值相等的能量，因此对它们的相对能量不会产生影响，因此，我们在前面不考虑离子时得出的结论基本不受影响。

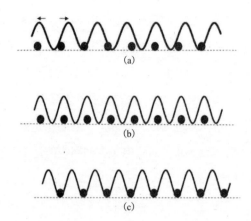

图 4-5　一维晶体中电子与离子的相互作用示意图

注：按照量子力学原理，在波函数的平方最大的点，找到电子的概率最大。图中的曲线表示波函数的平方。黑色圆点标记的是离子的位置。图 4-5（a）中，波的波长与离子间的距离不重合，电子与离子相互作用的总能量无法由波相对于离子的位置决定。图 4-5（b）中，离子位于最有可能找到电子的区域，因此电子与离子相互作用的能量就会很大且为负。图 4-5（c）中，离子位于不太可能被电子填充的区域，因此相互作用的能量很小。

　　然而，如果波与离子同向，如图 4-5（b）、4-5（c）所示，这时电子的波长就等于离子间重复距离的两倍，那么波与离子晶体之间的相互作用就会很不一样。在如图 4-5（b）所示的一个极值下，波函数表现为驻波，最大值出现在离子位置。这些点也是最有可能找到电子的位置，因为在这些点附近，因为带负电荷的电子和带正电荷的离子互相吸引，所以能量较低。

在如图 4-5（c）所示的另一个极值下，出现驻波意味着我们最有可能在两个离子间的中间位置找到电子，所以能量会高于相对平均值，而非降低。因此，表示这些特定能级的波函数会以驻波的形式表现出来，它们的能量明显大于或者小于平均值。

解答薛定谔方程后得出的结果证实了以上观点，同时还表明，这种波长的驻波总是锁定在上述结构中的某个离子位置上。此外，波长数值接近、但大于离子间重复距离两倍的波的势能也会出现一定程度的减少，而波长略短的波的势能则会增加。如图 4-6 所示，能级光谱因此出现了能隙（energy gap）。值得注意的是，低于能隙的能级基本不受离子的影响，原因我们会在后面做出解释。

能隙在决定金属与绝缘体截然不同的物理性质中起到了关键作用。我们之前提到，一般来说，只有能量接近费米能能级的电子才能制造电流。如果这种情况出现在远低于能隙的能级中时，电流就可以像之前描述的那样，以不考虑离子的方式进行运动。

可如果电子填充的最高能级就在能隙下方，因为无法得到理想的空位状态，也就无法形成图 4-3（b）那样的不平衡，如图 4-6 所示。我们在"数学小课堂 4-2"更加详细地探讨了这些问题，得出了一个简单的结论，即固体中每个原子含有的电子数为奇数的是金属，而每个原子含有的电子数为偶数的则是绝缘体。

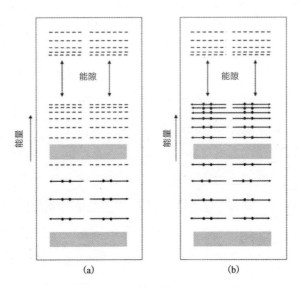

图 4-6　金属和绝缘体的能级示意图

注：图中展示了金属和绝缘体的能级。和图 4-3 一样，小圆点表示电子，
箭头代表的是被电子填充的顺时针及逆时针方向运动的波，虚线代表的是
空位的能级。符号在线上的具体位置没有实际意义。灰色区域代表了没有
具体画出的能级。

如图所示，电子波与离子晶体之间的相互作用导致能级间出现了能隙。在
图 4-6（a）中，金属中的电子只能填充能带的一半，能隙周围不存在占
有态，因此电子可以像图 4-3（b）所示的那样运动。与此相对，图 4-6
（b）中，绝缘体含有恰好可以填充能带的电子，所以不存在空位状态，也
就不可能出现电流。

　　为什么能用这个简单的规则确定现实中的一个物质究竟是金属
还是绝缘体？我们查看元素周期表后会发现，性能最好的导体中确
实含有奇数个电子。

数学小课堂
4-2

让我们按照图 4-2 的方式，再次想象一个长度为 L 的一维金属回路中的电子波。我们在"数学小课堂 4-1"里提到，电子波长的容许值为：

$$l_n=L/n$$

其中 L 为金属的长度，n 是一个整数。每个波长可以对应两种可能的波，一个做顺时针方向的运动，一个做逆时针方向的运动，每个行波最多含有两个电子，它们的自旋方向相反，所以 n 的每个数值可以对应四种电子态。现在，假设金属是一个含有 N 个原子的一维晶体，相邻原子之间的距离为 a，那么 $L=Na$。根据前文可知，能隙与波长为 $2a$ 的波相等。如果假设每个原子带有一个被松散束缚的电子，而且这个电子会在金属中成为自由电子，那么 N 个电子就会填充最低的 $N/4$ 能级，它们的波长都必须长于 $l_{N/4}$，其中：

$$l_{N4}=4L/N=4Na/N=4a$$

这意味着，只需要一半数量的电子就能填充能隙下的能带，而且能隙附近的能级中不含有电子。我们可以得出结论，在由外层壳层只有一个电子的原子组成的一维固体中，若电子不受离子影响，则这个固体就是金属。

与此相对，如果原子的外层壳层含有两个电子时会出现什么情况？所有波长大于 $l_{N/2}$ 的能级都会被填满，其中：

$$l_{N/2}=2L/N=2Na/N=2a$$

这意味着有数量刚刚好的电子填满了能隙下的所有能带。我们在前面提到，想获得净电流，运动方向相反的波中含有的电子数量必须不相等。在金属中，净电流的出现是通过激发一些电子进入之前空位的能级实现的，这些能级比费米能略高。但是这个方法在这里起不到应有的作用，因为能隙将空位的能级和被填满的能级分隔开来，而且因为能隙过大，驱动电流运动的电压提供的能量无法使电子跨越能隙。我们可以得出结论，如果一个固体中的每个原子带有两个自由电子，那么这个固体就不能导电，就是绝缘体[1]。我们再来考察固体中每个原子带有 3 个电子的情况，电子会填充到波长等于 $2a/3$ 的能级，也就是第一个能隙的顶部与第二个能隙底部中间的位置，这种物质也是一种金属。如果固体中每个原子带有 4 个电子，那么最小波长为 a，且电子位于最低能隙的顶部与第二

---

[1] 如果绝缘体被施加了足够强大的电压，电子就会被迫进入上层能带，导致电流通过。这个现象就是"介电击穿"（dielectric brcakdown）。

低能隙底部中间的位置，因此这个固体就是绝缘体。我
们以此为基础可以得出结论，原子中带有奇数个电子的
物质是金属，带有偶数个电子的物质是绝缘体。

在碱金属中，锂原子含有 3 个电子，钠原子含有 11 个电子，钾
原子含有 19 个电子；在有色金属中，铜原子有 29 个电子，银原子
有 47 个电子，金原子有 79 个电子。一些常见金属也遵守这个规则，
只不过乍一看并不那么明显。例如，铁原子总共含有 26 个电子，但
是，其中只有一个电子位于外部壳层，因此它能相对容易地摆脱原
子的束缚，而其他电子则被牢牢束缚在内部的低能级壳层中。碳原
子有 6 个电子，硅原子有 14 个电子，硫原子有 16 个电子，它们都
是含有偶数个电子的非金属物质。优质的绝缘体基本由分子组合而
成，而不是由独立的原子构成。例如，石蜡主要由类似 $H_3C(CH_2)$
$_nCH_3$ 之类的"直链烃"（straight chain hydrocarbon）组成，这种烃总
共含有（$8n+18$）个电子，n 为整数，因此，电子数永远是偶数。

但这个基本原则也存在例外。例如，钙原子有 20 个电子，锶原
子有 38 个电子，尽管它们的最外层壳层含有两个电子，但这两种物
质都是金属。这是因为，现实世界是三维的，而我们之前只是以简
单的一维模型为基础得出了结论。当我们把量子理论运用到现实的
三维固体中时，得出的结论与一维模型基本相符。也就是说，固体
的基本组成模块为原子或分子，当它们之中被松散束缚的电子数是
奇数时，那么这个固体一定是金属。可如果被松散束缚的电子数为

偶数时，结果就不那么明确了。这时我们需要考虑朝不同方向运动的波——这个波可能与电流成一定角度运动，而不是和电流一起运动。有些时候，这会导致上层能带的能量比一些下层能带更低。当电子从较低的能带转移到较高的能带时，总能量会减少，两个能带最终都只被填充了一部分，因此这样的固体可以支持电流通过。

但这些复杂的情况只是进一步强化了前面提到的事实，也就是金属的导电性本质上取决于电子能否不受阻拦地通过由离子形成的晶体。电子能够通过晶体，是因为它们具有波属性，波属性又依赖于量子力学原理。金属与优质绝缘体之所以存在这么显著的性质差异，就是因为绝缘体中的能带被完全填满，且能隙更大，而金属的能带只被填充了一部分。

更多有关金属的知识

处于半填充能带里的电子带有的能量大小，与波的波长无关，这意味着金属中电子的波函数可以具有行波的形式，这种行波可以在不与晶格（crystal lattice）产生相互作用的前提下穿过晶格。如果现实就这么简单，那么金属就是电的理想导体（perfect conductor）。可在现实中，尽管金属有着非常出色的导电性，但它们仍然会对电流产生一些阻力。这是因为晶体的周期性原子结构并不完美，存在的瑕疵构成了电流运动的障碍。

　　电流一般会遇到两种常见的障碍：第一种是晶体中存在杂质，比如存在与构成某种物质的主要元素不同的其他元素的原子。一般来说，杂质会或多或少地随机分布在晶体中，破坏晶体在某一点上的周期性排列。第二种障碍的出现是因为离子受温度影响而不断运动。有些时候，一些离子会显著偏离标准位置，从而破坏晶体的周期性排列。尽管电子可以按照我们前面提到的方式自由地通过晶体，但受上述瑕疵的影响，电流会时不时因为杂质和热缺陷（thermal defect）而分散。一般来说，一个电子要移动几百个离子间距才会遇到一个杂质或存在热缺陷的离子。可当电子与杂质或存在热缺陷的离子发生相互作用时，电子就会失去前进的动量，朝随机方向运动。

　　与此同时，作用在电子上的电力推动电子再次随着电流前进方向移动。因此，推动电子前进的电力和试图阻止因为热缺陷而分散的电子前进的有效力之间就会形成竞争。所以，通过某种物质的电流大小与电场及施加的电压成正比。这个我们熟悉的与导电性有关的结果，就是"欧姆定律"，具体可见"数学小课堂 4–3"。此外，可导致电流分散的热缺陷离子的数量及大小，决定了电流所遇阻力的大小。对室温状态下相对纯净的物质样本而言，其中与热运动有关的粒子通常最重要，这些粒子的作用会随着温度的升高而增加，从而导致一个众所周知的结果，即电阻与绝对温度成正比。

　　对于有些具有特定用途的设备而言，比如电热器，我们自然希望其中使用的材料能够对电流形成强大的阻力。我们可以把两种金属铸成合金来实现上述目的，而这个过程其实就是将某种杂质原子大量地放入另一种周期性排列的晶格中。由此一来，高浓度的杂质就会对电子产生强烈的散射作用，创造出基本不受温度影响的电阻。

数学小课堂
4-3

当我们在一块长度为 L 的金属上施加一个大小为 V 的电压时，我们就在金属中制造出了一个电场，电场的大小为 F，其中：

$$F=V/L$$

这个电场作用在电子上的力为 $-eF$，电子的质量为 m，电荷为 e，这个力会推动电子加速运动。随着时间的推移，电子在电场方向上的速度就会增加：

$$v=-eFt/m=-eVt/mL$$

假设一个电子平均需要经过 t_0 的时间才会与一个缺陷相撞，弹向随机方向。金属中的很多电子都会经过这个流程，所以我们可以合理地推测，碰撞后电子的平均速度为零。接下来，电场会再次为电子加速，电子也会恢复到被分散前的速度。如果对大量上述过程做平均计算，我们会发现电子在电流中的平均速度是：

$V_{av}=-eVt_0/2m$

一个以速度 v 运动的电子为电流提供了 $-ev$ 的电流强度。因此，如果一块金属中有 n 个电子，那么电流的总强度就是：

$I=nev_{av}=(ne^2 t_0/2mL)V$

电阻 R 为：

$R=V/I=2mL/ne^2 t_0$

这个结果符合欧姆定律，欧姆定律中的 R 等于 V/I，是个常量。我们发现，R 的大小与碰撞的时间间隔 t_0 有关。如果温度上升，导致热运动增加，或者增加金属中的杂质，那么 t_0 会变小（R 会变大）。

在本章中，我们明白了金属与绝缘体的性质以及两者之间存在如此显著区别的原因，量子力学原理在其中起到了至关重要的作用。在下一章里，我们会把焦点集中在半导体，了解量子力学原理在决定半导体的性质时起到了怎样的作用。要知道，信息技术作为构成现代生活的重要组成部分，其核心就是半导体。

章后小结

　　我们在这一章里解释了量子力学原理为什么是决定固体电性能的基本原理，重点解释了为什么金属能导电，而绝缘体会阻断电流。本章要点如下：

- 固体中的电子波散布于整个固体，形成了众多紧密分布的能级，每个能级最多可容纳 4 个电子。

- 没有净电流时，数量相等的电子分别向相反方向运动。但是施加电场后，如果费米能级附近存在可供电子填充的空位能级时，上述状态就会被打破。

- 很多固体，尤其是金属，都是由晶体构成的，而晶体中的原子以规则、重复的形式排列。

- 只有离子排列的重复距离与电子波的波长相等时，电子才会受到离子排列的显著影响。在这种情况下，能级光谱中会出现能隙。

- 金属中的电子只能填充能隙下方能带的一半，这意味着存在可供电子填充的空位能级，因此电流可以通过。

- 绝缘体中，能隙下的能带被填满，所以不存在空位的能级，电流也就无法通过。

- 按照一维模型的预测，每个原子带有奇数个电子的固体为金属，带有偶数个电子的固体为绝缘体。在现实的三维世界中，这个原理存在例外。

- 通过金属的电子流因为与热缺陷和杂质相撞而受到阻挡，导致电阻出现，欧姆定律由此诞生。

QUANTUM PHYSICS

第5章

半导体
与计算机芯片

　　我们在上一章里提到，金属与绝缘体之间的巨大差别是由电子波与晶体中周期性排列的原子相互作用所产生的。两者相互作用后，能量确定的电子形成了一系列被能隙分隔的能带。如果固体含有足够多的电子，能够填满一个或多个能带，这个固体就无法对电场做出反应，一般来说，这个固体就是绝缘体。与此相对，常见金属中的能带最多也只被填充了一半，电子很容易对电场做出反应，这样就会产生电流。

　　我们在这一章里主要描述性质介于金属和绝缘体之间的一类物质，也就是"半导体"。和绝缘体一样，半导体中平均每个原子也带有偶数个电子，因此这些电子刚好能够填满能带。两者的区别在于，在半导体中，最大满带顶部与下一个空带底部之间的间隙非常小，也就是说，这个间隙并不比电子在室温下做热运动产生的能量大多少。因此，一些电子很有可能经过热激发后，从满带进入空带（见图 5-1）。这会为固体的导电性造成两种影响：第一，因为存在大量可进入的空白态，所以被激发进入上层能带，也就是"导带"（con-

duction band）的电子可以携带电流在金属中自由移动。第二，下层
能带即"价带"（valence band）出现的空白态可供处于这一能带中的
电子填充，所以这些电子也能带着电流自由移动。因此，两个能带
均可传导电流，这个物质也不再是绝缘体。

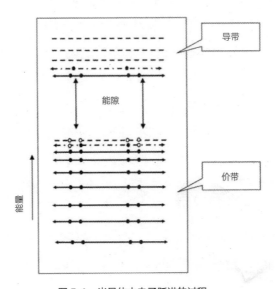

图 5-1　半导体中电子跃进的过程

注：在半导体中，最大满带顶部与最低空带底部之间的距离很小，足以让
一些电子通过热激发跨越能隙。图 5-1 显示了电子实现跃迁的过程，其中
实线代表的是被完全填充的能级（也就是说，每个能级含有 4 个电子，电
子用圆点表示）。虚线表示空带，带点虚线表示部分填充的能级。电流既
可以由被激发的电子携带，也可以进入价带中留出的空白态，或者说由这
些"空穴"（用圆圈表示）携带。图中线上的点的具体位置并无实际意义。

现在，我们需要更深入地思考近乎被完全填满的下层能带的性质。我们发现，这些能带与那些几乎完全空白的能带拥有相同的性质，其中含有带正电荷的粒子，而非带负电荷的电子。想理解这个原理，我们首先要回忆一下，在满带中，数量相等的电子分别朝相反方向运动。在图5-2（a）中我们可以看到，去除其中一个电子就会导致失衡，从而出现一个与损失的电子强度相同但运动方向相反的电流；但这个电流只有一个正电荷，而且运动速度与损失的电子相同。我们在图5-2（b）里解释了向这个系统施加一个电场后发生的情况：电场对所有电子施加了相同的力，使得所有电子的速度出现相同的改变，最终的变化结果与损失一个电子时的情况相同，但电流增强。因此，去除一个电子后的一组电子的运动方式，与具有一个电子性质的粒子完全相同，只不过这组电子的电荷为正。

更深入的研究证实，一个几乎被完全填充的能带的相关性质与接近空白的能带的性质完全一致，后者含有与损失的电子相等数量的正电荷粒子。总的来说，想象少量正电荷粒子的运动方式比思考大量电子的运动方式要简单得多，所以我们会在后面遵循惯例，使用正电荷粒子这个模型。这些虚构的正电荷粒子通常被人称作"空穴"，为什么起这样一个名字，原因显而易见。不过需要记住的是，这只是一个便于使用的模型，并不意味着金属中真的存在携带正电荷的粒子。读者还需要注意，这些"空穴"和"黑洞"没有任何关系！

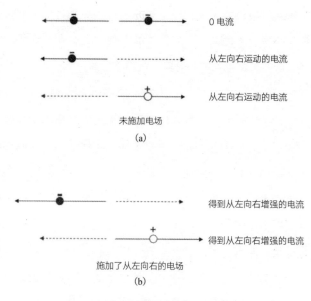

图 5-2 施加电场后电流的变化情况

注：将一对向相反方向运动的电子中的一个电子去除后，相当于创造出一
个正电荷沿着损失电子的运动方向运动的状态。我们在图 5-2（a）中看
到，去除两个运动方向相反的电子中的一个后会产生电流，这个电流强度
为一个正电荷，速度与损失的电子的运动速度相等。图 5-2（b）中，施
加一个从左向右的电场后，带负电荷的电子运动速度增加，电流因此增
大；对一个正电荷施加相同的电场，也能产生相同的电流。

回到半导体的案例中（见图 5-1），我们可以把半导体看作含有
两个能带的物质，这些能带中含有可以传输电流的带电粒子。其中
的上层能带里含有一些自由电子，而下层能带则含有同等数量的
空穴。自由电子或空穴的具体数量由温度决定。比如室温下的纯硅，
我们在它的下层能带中找到这种电子的概率为万亿分之一（10^{-12}），

所以与金属中可携带电流的电子总数相比，这种物质中的电子和空穴总数要小得多。因此，半导体的导电性比金属差了很多，但又比绝缘体强很多，这也是"半导体"名称的由来。

我们在前面提到，半导体中之所以能出现自由电子和空穴，是因为半导体中的能隙非常小，足以让热激发促使电子完成跨越。一个电子跃迁后，会在下层能带中留下一个空穴，因此这个过程会制造出数量相等的电子和空穴。研究人员很快意识到，不管是电子还是空穴在自由粒子中占主导地位，含有这些粒子的物质都具有潜在的巨大优势。原因在于，科学家既可以用另一种能为固体提供更多电子的原子替代一部分旧的原子，使电子成为多数载流子；也可以用电子数更少的原子替换，从而增加空穴的数量。以硅为例，适用于以上第一种情况的元素是磷，因为每个磷原子的外部壳层里有 5 个电子，而每个硅原子的外部壳层只有 4 个电子。在硅晶体中加入磷杂质后，多余的电子就会占据松散束缚于磷原子的能级，在硅的略低于上层能带底部的能隙中获得能量。因为这个能级与上层能带底部之间的能量差小于能隙，所以会有大量自由电子被激发，在室温下进入上层能带，如图 5-3（a）所示。与之形成对比的是，硼的外部壳层只有 3 个电子。在硅中加入硼原子后，只能在下层能带的上方制造出空白态，电子被热激发后，离开下层能带进入空白态，导致更多的空穴出现 [见图 5-3（b）]。载流子主要为电子（负电荷）的半导体是 N 型半导体，载流子主要为正电荷空穴的半导体是 P 型半导体。

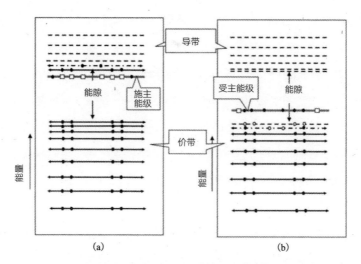

图 5-3 在硅原子中分别添加磷、硼原子后形成的不同半导体

注：在硅中添加磷后就会产生多余的电子，这些电子会占据靠近能隙顶部的"施主能级"。电子在施主能级中受到热激发，进入导带，就形成了 N 型半导体，如图 5-3（a）所示。在硅中加入硼会导致电子数量不足，形成"受主能级"。价带中被热激发的电子进入受主能级，在价带中留下空穴，创造出了 P 型半导体，如图 5-3（b）所示。图中圆点代表电子，圆圈代表空穴，小方框代表施主能级和受主能级中的空白态。点在线上的具体位置没有实际意义。

一般来说，杂质原子所占比例为 0.001%，而每 100 万个杂质原子中有 10 个会损失（或者获得）1 个电子。因此，每 100 亿个原子中大约有 1 个自由电子，这大约是室温下纯硅中自由电子或空穴密度的 100 倍。

半导体技术发展过程中的重要转折，就是人们找到了准确控制物质中杂质含量的实用方法，从而制造出了数量确定的正电荷或负电荷载流子。硅中磷杂质或硼杂质的一般含量为平均每 100 万个原子中有 10 个杂质原子，可为了制造实用设备，我们必须了解杂质的含量，并且需要具备将杂质含量精确控制在 0.000 1% 或者更高精度的能力。而这就是 20 世纪中叶阻碍半导体实际应用的技术障碍之一。不过人类最终克服了这些障碍，如今，半导体产业已经能制造出纯度控制在 0.000 1% 或更高水平的半导体产品了。

了解一些重要的半导体应用前，我们首先需要知道，如果在某个温度下半导体中加入了比预期更多的电子或空穴时会出现什么情况。举个例子，想象将空穴"注入"N 型半导体的情形，这会在下层能带中制造出额外的空缺，而电子会从上层能级坠入这些空缺，直到形成新的热平衡。这个过程在物理学上被称为"电子对空穴的湮灭"，反过来就是空穴对电子的湮灭。我们在后面会提到，想让晶体管发挥作用，我们就不能让上述过程立刻完成，空穴需要保证在短时间内不被湮灭。

"PN 结"

有一种利用上述物理性质的最简单的设备，就是将 P 型半导体和 N 型半导体连接在一起，形成一个"PN 结"。人们发现，"PN 结"能起到电流整流器的作用，也就是说，如果电流朝一个方向运动（从 N 到 P），那么"PN 结"就是一个良好的导体；如果电流朝相反方向运动，"PN 结"就会产生巨大的电阻。

想理解其中的原理，我们首先需要思考 N 型半导体和 P 型半导体连接的区域。一个电子进入这个区域后，可能会跃迁到下层能带里的空能级中，这会导致电子和一个空穴一起被消除，按照前面提到的理论，这个电子和空穴就被湮灭了。连接区的电子和空穴都会出现不足，使得离子所带电荷无法被完全抵消，导致连接区 N 型半导体一边和 P 型半导体一边分别出现狭窄的正电荷带和负电荷带，这些电荷被称为"空间电荷"（space charges）。

如图 5-4（a）所示，我们施加一个电压，推动电流从 P 向 N 运动：在 P 型半导体中，空穴的运动方向与电流相同，而 N 型半导体中的电子运动方向与电流相反。这会导致连接区中的两种载流子数量均出现增加，进而导致空间电荷减少。当电子跨越连接区的中心点并进入 P 型半导体后，它们会湮灭一些空穴；同样地，当一些空穴进入 N 型半导体后，也会湮灭一些电子。随着电子和空穴分别在 N 型半导体和 P 型半导体中消失，它们会被其他来自外部电路的电子所取代，就会产生电流。当施加电压，驱动电流从 P 到 N 运动时，连接区就被称为"正向偏置"（forward biased）。与此相反，如果施加的电压导致电流从 N 向 P 运动，如图 5-4（b）所示，电子和空穴就会被拖离中心区域，空间电荷因此增加，载流子通过"PN 结"的难度就会变大。电流因此无法继续移动，这种连接结构被称为"反向偏置"（reverse biased）。如此一来，朝一个方向施加电压会出现电流，朝另一个方向施加电压则不会出现电流，这意味着"PN 结"具有前文提到的整流性质。

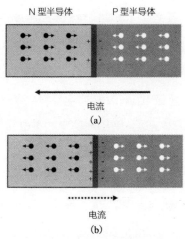

图 5-4 "PN 结"的整流性质原理

注：如图 5-4（a）所示，当电流从 P 到 N 通过"PN 结"时，电子（用带箭头的实心圆点表示，箭头代表运动方向）和空穴（由圆圈表示）被推动着朝连接区运动，其中部分在连接区湮灭，使得电流可以通过连接区。当我们试图推动电流从 N 到 P 运动时，电子和空穴就会被抽离连接区，增加了这个区域的空间电荷，而空间电荷会阻挡电流通过。

依据"PN 结"原理制造出来的整流器在民用及工业用电领域得到了大量应用。在发电站里，发电机通过旋转的马达发电，由此产生了交流电（AC），也就是说，马达每次旋转均会导致生成的电压发生从负到正、从正到负的改变，一般来说每秒会出现 50 次变化。电流变化对现实中的很多应用具有重要意义，比如取暖器和洗衣机的电机等。但现实中的另一些应用，却要求电流运动永远保持一个方向，例如，当我们为汽车里的电池充电，或者用充电器为手机充电时，能否让电流一直保持为直流电（DC）就至关重要。按照"PN结"原理设计出的整流器可以将交流电转变为直流电，如图 5-5 所示，将交流电压施加在"PN结"上时，电流只会在半个周期时间内流动，电路只能输出同一方向的电流，而交流电另外半个周期内的电流则为 0。

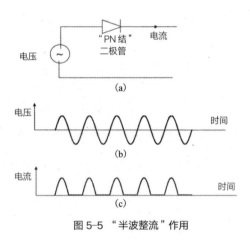

图 5-5　"半波整流"作用

注：供电电压通常为交流电，意味着电流会随着时间推移而振动，在一半循环中为正电荷，在另一半循环中为负电荷。如果为"PN结"二极管通上交流电，电流只会在电压为正的循环中通过。

如果像图 5-6 那样连接 4 个整流器，那么虽然输出电压永远只会为正或为负，却会贯穿整个循环。这就是"全波整流"（full-wave rectification），与前面只有一个整流器形成的"半波整流"（half-wave rectification）形成对比。以"PN结"原理为基础设计的整流器是所有充电设备必不可少的组成部分。有时我们需要稳定的直流电源：这样的直流电既可以由充电电池提供，也可以通过整流器整流交流电获得，而这样的整流器里都会含有一个叫作电容器的电子部件。

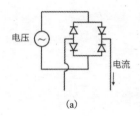

(a)

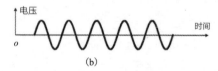

(b)

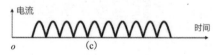

(c)

图 5-6 "全波整流"作用

注：当交流电压施加于如图（a）所示的一组 4 个二极管时，如果电压为正，输出电流就会沿右侧向下运动；如果电压为负，电流就会沿左侧向上运动。因此在上述交流电循环中，电流始终保持同一方向。

晶体管

现代的所有信息及通信技术，实际上都可以归结为硅的半导体属性，而用硅制造的"晶体管"，在其中发挥了极其重要的作用。晶体管是一种能将小的信号放大的设备，比如将无线电接收器接受的小信号放大为形式相似但可用于扬声器的功率更大的信号。晶体管也可用作控制开关，在电脑及其他电子设备中起到了非常重要的作用。在本部分中，我们将描述晶体管的结构，也会解释如何将晶体管用于上述用途。

从本质上看，一个晶体管由三个掺杂半导体按照 P-N-P 或 N-P-N 的形式排列组成。因为这两种结构的运行方式实际上是一样的，所以我们只需要讨论其中一种。我们以前一种为例，并以图 5-7 来对此进行解释。我们把下面的 P 型区域称为发射极（emitter），因为这里可以发射空穴；上面部分是集电极（collector），因为这里能收集空穴；中间的 N 型区域是基极（base）。使用晶体管时，我们将一个正电压施加在发射极和集电极之间。

以前文对"PN 结"的讨论为基础，我们知道空穴可以穿过发射极和基极的连接区，因为这里是正向偏置；我们也知道基极和集电极里不会有电流，因为这里存在反向偏置。但晶体管的一个重要设计特征，就是将基极区域制造得非常薄，而且略微加入了一些杂质，使得至少有一部分离开发射极的空穴可以穿过基极，在不遭遇任何电子的情况达到集电极，因为空穴会遇到电子与之重新结合。正因为如此，电流可以在回路中流动。读者现在可以思考将电子注入基极后产生的影响，就像图 5-7 那样画出一个电流。一部分电子会穿过基极，通过基极与发射极之间的正向偏置连接区；其他电子因为与基极中从发射极去往集电极的空穴结合而湮灭。

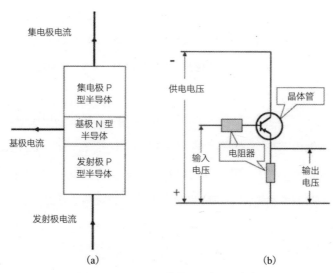

(a)(b)

图 5-7　P-N-P 晶体管的运行方式及应用

注：图 5-7（a）展示了 P-N-P 晶体管的运行方式。一部分基极电流穿过发射极，一部分被通过基极的空穴湮灭。因此，基极电流的微小变动会导致集电极电流出现巨大变化。我们在"数学小课堂 5-1"里会对这种电流增益做出解释。图 5-7（b）展示的是使用了一个晶体管的简单电路。晶体管以通用符号表示，其中发射极、基极和集电极的具体排列如图 5-7（a）。输入电压推动电流穿过电阻器，到达基极；供电电压因此可以推动电流在设备中流转，在另一个电阻器上生成输出电压。输出电压与输入电压成正比。

　　如果设备设计得合理，那么经过集电极的电流会比在基极时大很多，一般为基极电流的 100 倍。基极中电流的微小变化会导致集电极电流出现巨大改变，这就是"电流增益"（current gain），详见"数学小课堂 5-1"。这种增益的大小由 P 型半导体中空穴的密度、基极区域中电子的密度以及基极的大小决定，如果基极和发射极的电压不是特别大，那么一个晶体管的增益就是一个常量。当将更大的电压施加于基极时，集电极电流就会达到饱和值；此时即便基极电压继续增大，电流增益也会保持不变。

电流增益可以通过如图 5-7（b）中的电路转变为电压增益，从而让电源电压（比如电池或其他电源设备）驱动电流通过晶体管，从发射极进入集电极，再通过第二个电阻器。输出电压与通过这个电阻器的电流成正比。输出电压因此与输入电压成正比，由此获得了电压增益。

现在我们可以思考如何把晶体管用作控制开关的问题。参照图 5-7（b），我们只需要调整输入电压，要么变成零，要么变成更大的电压，进而让极小或者相对更大（也就是饱和）的电流通过发射极。这样一来，发射极电流和输出电压就会随着基极电压的变化而被打开或关闭。我们可以利用这个原理制造电脑的基本元件。首先，任何数都可以转化为只有 1 和 0 的二进制位，因此，二进制中的 10 就是 $1\times2+0\times1$（也就是十进制里的 2），而二进制中的 100 等于 $1\times2\times2+0\times2+0\times1$（相当于十进制里的 4），剩下的以此类推。比如：

101101=$1\times32+0\times16+1\times8+1\times4+0\times2+1\times1$=45

二进制位可以用来表示任何存在两种状态的物理系统。现在，我们把这个原理应用到晶体管中。如果用 1 代表电压高于某个临界值，那么低于这个临界值的电压就用 0 表示。由此，如果图 5-7（b）中的输入电压为 0，那么输出电压的二进制数值就是 0；反过来，如果输入电压对应于 1，那么它的二进制数值为 1。

数学小课堂
5-1

在图 5-7 中，基极电流（I_B）将电子注入基极区域，其中一部分电子可以通过正向偏置连接区进入发射极。具体到某个半导体中，空穴数量（这个例子中是多数载流子）与电子数量（少数载流子）的比例是固定的，因此这部分的基极电流一定与发射极电流（I_E）成正比。其他电子与从发射极进入基极的空穴产生相互作用并湮灭。发射极电流 I_E 越强，相互作用也会越强，所以基极和发射极电流也与 I_E 成正比。因此：

$$I_B = fI_E$$

其中的 f 是一个常数。为了保证电流增益较大，系统设计中的 f 必须永远是一个较小的数，也就是远小于 1。进入基极的总电流必须与离开的总电流保持一致，否则电荷数量会不断增加，进而导致系统的能量增加。如果

集电极电流为 I_C，我们就可以得出：

$I_C = I_E + I_B = (1/f + 1)I_B$

所以：

$I_C/I_B = (1+f)/f$

由于 f 远小于 1，电流增益就会很大，近似于 $1/f$。常见设备中的 f 约等于 0.01，所以电流增益约为 100。

如果要举一个更深入的例子，我们可以思考一种基本的计算机操作："与门"（AND gate）。与门是一种设备，只有当两个输入位均为 1 时，输出位才会是 1。我们可以按照图 5-8，使用两个晶体管制作一个与门。只有当两个基极电流都足够大时，电流才能通过两个晶体管。想实现以上目的，两个输入电压都必须很大，意味着代表二者的数字都是 1。在这种情况下，表示输出电压的数字也是 1，否则就是 0，这正是制作与门需要的物理性质。我们也可以设计出类似的电路，执行其他的基本操作，比如"或门"（OR gate）。在或门中，其中一个输入位是 1 时输出位才是 1，否则输出位就是 0。计算机的所有运行操作，包括计算，都建立在以上及其他相似的基本操作的基础之上。

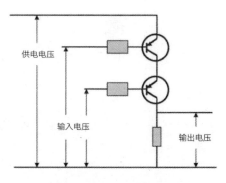

图 5-8　晶体管组成的"与门"

注：两个晶体管组成了一个"与门"。只有当两个基极电流都很大时，集电极电流才能流动。因此一般输出电压很小，则用 0 表示；除非两个输入电压均大到用 1 表示，这时输出电压也会是 1。

　　随着晶体管技术在 20 世纪 50 年代和 60 年代不断发展，计算机很快应运而生，这些计算机就是用单个晶体管按上面所说的方法组装而成的。可随着计算机操作变得越来越复杂，只有大量使用晶体管才能满足人们的要求。60 年代中期的一项重大发明就是"集合电路"。一个集合电路中包含很多像晶体管和电阻器一样的电路元件，加上连接这些元件的电线，以上所有部分都容纳在一个半导体中，这个半导体就是"计算机硅芯片"（见图 5-9）。随着技术的不断进步，人们可以不断减小单个元件的尺寸，使得一个芯片上可以容纳更多元件。这让计算机的发展具有了更多优势，因为开关时间可以变得更短，所以计算机的运行功率和速度也在逐年提高。

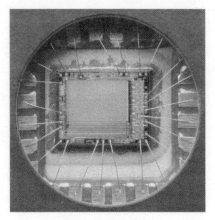

图 5-9　计算机硅芯片

注：一个用作计算机处理器的硅芯片。

写作这本书时，我所用的电脑配备的是奔腾 4 处理器，其中的硅芯片的面积只有 1 平方厘米左右，这个芯片含有大约 750 万个电路元件，其中很多元件的尺寸还不到 10^{-7} 米大，基本开关时间或者时钟速度约为 3 千兆赫（即每秒可进行 3×10^{9} 次操作）。然而，10^{-7} 米是原子间距的几百倍，所以我们仍旧可以把每个元件看作独立的晶体，而硅芯片中的晶体管就会按照我们在这一章里提到的量子力学原理运行。

光　电　池

光电池是一种半导体设备，可以将太阳能转变为电能。太阳光在任何情况下都会照射到地球上，而且由太阳光产生的能量既不会导致温室效应，也不会消耗地球的化石燃料或核燃料储备。人们在过去这些年里开发出了众多太阳能设备，也进行了大量研究，希望通过开发这种无污染的能源形式，满足大量的能源消耗需求。所有光电池都是由半导体组成的。当带有合适能量的光子撞击一个半导体时，会导致一个电子被激发到上层能带，在下层能带留下一个带正电荷的空穴。

为了制造电压，我们需要让电子和空穴彼此分离，并且通过外部回路推动电流运动，而"PN 结"就是实现这个目的的方法之一。我们在前面提过，在 P 型半导体和 N 型半导体的连接区里，由于电子和空穴互相抵消，所以载流子的数量非常少；连接区外，N 型半导体和 P 型半导体分别带有大量正电荷和负电荷（见图 5-10）。如果用光线照射连接区，光子可能会被吸收，激发电子从价带跃迁到导带，制造出电子–空穴对。其中一些可能会迅速重新结合，但会有相当多的电子受到静电力推动，加速进入 N 型半导体，与此类似，空穴也会加速进入 P 型半导体。因此，太阳能设备可以通过外部回路推动电流给电池充电。

现实中的光电池中含有多层硅，这些硅极薄，使得太阳光能够穿透它们进入连接区。想真正发挥作用，光电池就需要尽可能高效，也就是说，不仅需要大量地射入光子产生电子–空穴对，还要尽可能廉价，才能与其他形式的能源竞争。人类在这个领域已经取得了比较大的进展，未来，光电池将会在制造绿色能源的过程中起到重要的作用。

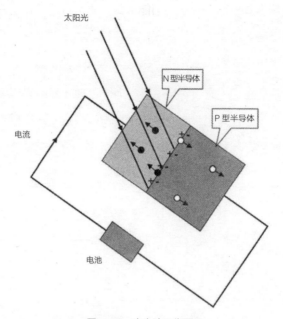

图 5-10 光电池工作原理

注：光子射入"PN结"的连接区，激发电子从价带跃迁至导带，制造出电子－空穴对。其中一部分迅速重新结合，但仍有一些电子（用实心圆点表示）会进入 N 型半导体，一些空穴（用空心圆圈表示）会进入 P 型半导体。由此产生的电流可以用来为电池充电。需要注意的是，现实中 N 型半导体会比图示的薄得多，以便让光线穿透后进入连接区。

章后小结

我们在这一章里讨论了量子力学原理在研究半导体时起到的基础性作用，而半导体正是现代信息及计算机技术的发展基础。本章的要点如下：

- 半导体类似于绝缘体，但半导体的能隙很小，足以让一些电子通过热激发穿过能隙进入导带。
- 下层能带中被激发的电子和创造出的带正电荷的空穴均能导电。
- 通过加入可控数量的适当杂质，我们可以制造出含有多余电子或空穴的 N 型半导体或 P 型半导体。
- 由一个 N 型半导体和一个 P 型半导体组合在一起形成的"PN 结"可以产生整流效果，意味着它可以只朝一个方向传导电流。
- 以 P-N-P 或 N-P-N 的形式将三个半导体组合在一起可以制成晶体管，晶体管可以用作放大器或开关。
- 被用作开关时，晶体管可以用来表示并控制二进制数字，而二进制是电子计算的基础。
- 当光线照射在"PN 结"上时，就会形成电子－空穴对。电子－空穴对可以用来制造电流，按照这个原理制造出的设备就是光电池。

QUANTUM PHYSICS

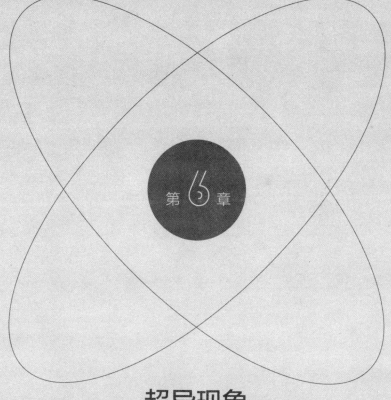

第 6 章

超导现象

我们在第 4 章里了解到，因为具有波属性，所以电子可以穿过完美晶体，不与其中的任何原子发生碰撞。假设一种常见金属中存在可被填充的能级，电子就会对电场做出反应，从而形成电流；而绝缘体中存在能隙，这意味着不存在空白的能级，因此也就不会产生电流。我们在实践中发现，通过金属的电流也会遇到一些阻力；这是因为所有晶体都含有一些杂质，这会导致原子出现热位移，离开它们在晶体中的常见位置，它们的位置会由杂质原子取而代之。我们在这一章将会探讨"超导体"（superconductor）这类物质，这类物质中的电阻彻底消失，电流一旦启动，就会一直流动。具有讽刺意味的是，我们会发现，出现这种运动方式的根源是存在能隙，而这种能隙与绝缘体中阻挡电流运动的能隙既存在诸多相似之处，也存在重大的区别。

超导性是荷兰科学家卡默林·昂内斯（Kamerlingh Onnes）在 1911 年获得的意外发现。当时他正在进行实验，测量金属在温度接近绝对零度时的电阻。由于气体液化技术的发展，那时的科学家已经可以进行类似的实验。在常规压力下，只需要比绝对零度高几度，氦气就能液化，而且使用真空泵降低压力后还能进一步降温。昂内斯发现，随着温度逐渐降低，所有金属的电阻都会变小，但大多数时候，即便在当时所能实现的最低温度环境下，金属仍然会存在一些电阻，他由此推论，绝对零度时也会出现这种情况（见图 6-1）。我们可以通过第 4 章的模型理解这种现象。随着温度逐渐降低，原子热位移也会减少，与电子相互作用的概率也会降低，然而，因为杂质而产生的电阻并不受温度影响，在绝对零度时仍然会存在。

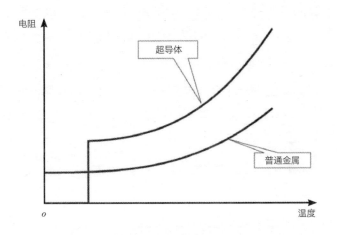

图 6-1　普通金属与超导体的电阻随温度变化的情况

注：类似铜的普通金属与类似铅的超导体的电阻随温度变化的情况。

当昂内斯将注意力集中在金属铅上时，他发现了令人惊讶的结果。如图 6-1 所示，在温度相对较高的环境下，铅的电阻高于铜，但当温度降到 4K 以下时（也就是比绝对零度高 4℃ 时），铅的电阻会突然消失。这并不是说铅的电阻这时会比铜小很多，而是意味着此时铅的电阻就是零。从科学角度出发，这是极不寻常的现象。一般来说，"零"意味着比任何可比较的量小得多，就像"无限"意味着比其他类似的量大得多。但在这个例子中，"零电阻"就是字面意思。我们在后面会发现，这是量子力学原理影响日常生活的又一个现象。

尽管科学家在 20 世纪 30 年代已经搞清楚了金属与绝缘体的量子力学原理，那时距离量子力学理论的出现也就不到 10 年的时间，可又过了 20 多年，人们才真正理解了超导现象。三名科学家约翰·巴丁（John Bardeen）、利昂·库珀（Leon Cooper）和约翰·施里弗（John Schrieffer）在这个领域的共同发现，让他们获得了 1972 年的诺贝尔奖。这是巴丁第二次获得诺贝尔奖了，1956 年，他和威廉·肖克利（William Shockley）因为发明晶体管而获得了诺贝尔奖。

两次获得诺贝尔物理学奖的人是非常独特的，而约翰·巴丁是目前唯一取得这一成就的人！用发明者的名字命名的 BCS 理论（超导的微观理论）主要建立在两个新概念的基础之上。第一，尽管电子均带负电荷，且同性相斥，但金属内的电子间存在微弱的吸引力。第二，超导体中存在上述现象，导致电子两两成对，而这些电子对之间的相互作用创造出了一个能隙，这个能隙虽然能阻止电子对被热激发，或与杂质相撞，但仍能让电流通过。这与我们在第 4 章里提到的绝缘体的能隙特性截然相反，绝缘体中的能隙在阻止电流通过的过程中起到了重要的作用。

　　读者需要注意：超导性是一种不易察觉的现象，若想全面深入地理解这种现象，需要进行比前面复杂得多的量子计算，也就是说，我们对这部分问题的解释会更加浅显，只会对其中的量子力学知识稍作探讨，希望读者能接受我们提出的观点。

　　我们首先需要思考，为什么电子间可以产生净吸引力。根据我们在第 2 章里的讨论，如果两个电子在自由空间中彼此独立，那么两者间只会存在静电排斥，表示这种静电排斥的势能与两者间的距离成反比，详见图 6-2（c）。可我们在这里考虑的电子并不处于自由空间，它们与大量性质相似的电子和带正电荷的原子核一起位于金属之中，这就会带来几个方面的改变。我们需要考虑的第一个影响就是"屏蔽"（screening），这与金属盒可以用来保护敏感电子设备、"屏蔽"多余的电场紧密相关。

　　在图 6-2 里，我们把焦点集中在一块金属中被金属晶体里带正电荷的离子区域分开的两个电子上，想象将两个电子彼此推近时的情形。两个电子间相互作用的势能因此增加，但这也会对其他电子施加作用力，导致其他电子被推出以上两个电子所在的空间，使得它们无法完全中和这个区域内的正电荷。这些正电荷因此开始将两个电子吸引到中间区域，由此导致两者之间的距离变小。

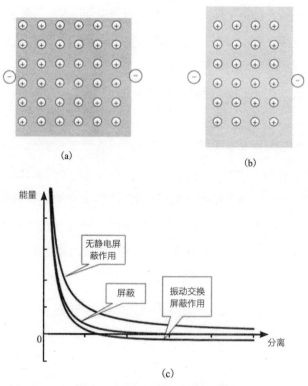

图 6-2 "屏蔽"效应对电子的影响

注：如图 6-2（a）和图 6-2（b）所示，两个电子被带正电荷的离子形成的区域以及带负电荷的电子云形成的区域（用灰色区域表示）分隔。图 6-2（b）中，两个电子互相接近，导致电子云变得更薄，无法完全中和离子。图 6-2（c）形象地展示了这种"屏蔽"作用对两个电子之间有效排斥力的影响，此外，图 6-2（c）还显示了因热振动交换而增加一个吸引势能时会产生什么效果。

这些运动的最终结果，就是与处于自由空间、彼此分隔时相比，两个电子之间的有效排斥力显著减少。这就是"屏蔽效应"，因为介质材料实际上在电子间起到了屏蔽电荷的作用。最终，两个电子被分隔的距离越大，有效相互作用势减少得越多，详见图 6-2（c）。不过我们也要注意，即便屏蔽势能无处不在，但它们之间仍是互相排斥的，无法产生超导性所需的电子间的净吸引力[①]。

想进一步了解金属中两个电子如何互相吸引而非互相排斥，我们就需要思考一个更细微的效应，而这个效应是以电子的量子波属性为基础的。我们可以想象一个电子穿过一个晶格，尽管电子的重量远小于它要穿过的原子，但它仍会对原子产生一定影响，原子有可能与电子波产生一定的共振。这种共振本身并不明显，可如果有两个电子，那么由其中一个电子引起的原子振动有可能对另一个电子造成影响，反之亦然。详细的量子计算结果表明，这种电子波引起的晶格振动交换，会导致总能量略微减少，低于电子波出现前的状态，而吸引势能总体上与电子间距无关。假设电子间的距离足够远，使得屏蔽排斥力保持在极小状态，最终的结果就会如图 6-2（c）所示，电子之间产生吸引力。

吸引势能极其微弱，甚至比发生超导现象时低温状态下的常见热能还要小得多。但这种相互作用本质上是一种存在于电子波之间

---

① 对上面提到的屏蔽效应的一种简化方式，就是了解我们考虑的两个产生相互作用的电子和其他远离并产生屏蔽效应的电子之间的区别。事实上，屏蔽是一个动态的过程，所有电子都会不断地屏蔽以及被屏蔽。对这一过程进行详细的数学分析后，我们发现最终形成了如图 6-2（b）所示的有效相互作用势。

的量子现象。因为这些波遍布于整个晶体，所以如图 6-2（c）所示，这样的相互作用也就与电子的位置无关。乍一看，我们可能会得出每个电子彼此都会产生相互作用、导致总能量减少的结论，这对系统的物理性质几乎不会产生影响，但完整的量子计算结果表明，只有能量与费米能的差别小于标准晶格振动（也就是等于或小于费米能量的 1/1 000）能量的电子，才会出现显著的相互作用。综合考虑并运用量子力学原理后我们发现，吸引力主要集中在运动速度相同、方向相反的电子对上。现在，我们要试着更详细地去理解这个问题。

基于上述原因，我们在这里只关注能量接近费米能的电子。这些电子虽然运动方向不同，但运动速度大致相同，波长也相同。在这里，我们在解释金属与绝缘体性质时使用的一维模型不再适用。在一维模型中，波长相同的只有两个行波：一个向右运动，一个向左运动。在三维模型中，波可以朝任何方向运动，因此很多电子有着相同或相似的波长，我们用图 6-3 的二维图对此进行了说明。

现在，我们从中选出一对电子：这两个电子的运动速度相同，但方向不同。计算电子对的总速度时，我们需要将两个电子的速度加在一起，记住，要考虑它们的方向。任选一对电子，如图 6-3（a）所示，速度分别为 v_1 和 v_2 的两个电子，它们的总速度与其他任何电子对有着很大区别。但是，这里存在一个例外，就是当两个电子正好朝相反方向运动时，它们的总速度就等于零。

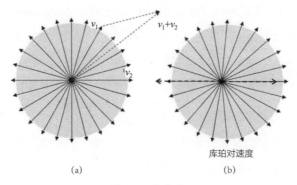

图 6-3　库珀对

注：图 6-3（a）中的箭头代表带有费米能的电子，它们的运动速度相等，但方向不同。所有能量较低、且速度较慢的能级均被其他电子填充，处于图中的阴影区。这里没有电流，电子的平均速度为零。虚线代表如何计算速度分别为 v_1 和 v_2 的电子的总速度。这些电子对的总速度各不相同，若每个电子的速度相同但方向相反，这时电子对的总速度就是零，电子结合形成库珀对。图 6-3（b）中的电流从左向右运动，所有电子的运动速度因此都得到相同程度的增加，图中对此表现得比较夸张。所有库珀对的总速度是相等的，等于一个电子速度变化量的两倍，结合能与零电流时相比并没有出现变化。带有开放箭头的粗虚线表示调转库珀对里一个电子的运动方向时的结果：一个电子的能量增加，另一个电子的能量减少。可由于后一能级已经被填充，所以按照泡利不相容原理，以上过程不可能出现。

经过复杂的量子分析，我们知道，上述电子对的有效结合能等于前面提到的非常弱的相互作用能乘拥有相同总速度的电子对数量。如前所述，制造净速度为零的电子对时，非常弱的吸引力的相互作用将被集中或放大，而将上述电子对拆分为独立电子需要相当多的能量。第一个真正理解这个原理的人是利昂·库珀（Leon Cooper），也就是 BCS 理论中的"C"，而这些配对的电子通常被称作"库珀对"（Cooper pairs）。库珀对的另一个性质，来自形成库珀对的电子的自旋方向完全相反这一理论，因此库珀对的总自旋也为零。

现在我们可以得出结论，库珀对的形成会导致能隙出现。这是因为，一组库珀对吸收能量的唯一方式，就是拆散其中一对，使得其中的电子可以自由运动，而拆散这样一对电子只需要最少的能量。这让人想起第 4 章出现的绝缘体的能隙，而拆散电子对所需能量与形成能隙所需能量存在很大的区别，这种区别也导致两者的结果截然相反。

在绝缘体中，电子波与原子的周期性排列产生相互作用，当电子的波长与原子的间距相等时，就会产生能隙。而超导体中出现能隙是因为波长相同的电子彼此间发生相互作用。现在思考一下，像图 6-3（b）那样，如果所有电子的运动速度发生同等程度的改变，超导体会出现什么情况？一个库珀对的总速度不再为零，但每一个库珀对的速度相同，因此前面提到的观点仍然适用：电子仍然处于组对状态，能隙不受影响。此外，因为所有库珀对的总速度相等，产生了净电流，而净电流一旦出现，就不会因电子与晶格中的杂质相撞或热激发等障碍的影响而中断。为了理解这个原理，我们可以思考两种电流可能受上述碰撞影响的情况：一种是电子仍然成对出现，另一种是碰撞导致库珀对被拆散。在第一种情况下，我们可以想象一个库珀对因为其中一个电子与障碍物相撞而发生速度改变，这个障碍物可能是杂质，或者晶格中存在热缺陷，详见第 4 章的电阻部分。但我们在图 6-3 (b) 中看到，当有电流通过时，组成库珀对的两个电子的运动速度各不相同；如果净速度出现方向逆转，那么其中一个电子就不得不进入一个已经被填满的能级，可按照泡利不相容原理，这种情况不可能出现 [1]。

还有一种机制可能导致出现电阻，那就是一个库珀对被拆散，使得组成它的两个电子彼此分裂，随后像在普通金属里那样与杂质或热缺陷相撞。可如果要拆散一个库珀对，我们就必须提供能量，这个能量至少需要和能隙一样大。在任何有限温度的环境下，上述外部能量可能表现为热能的形式，而热激发总有可能导致库珀对被拆散。然而，电子会迅速结合在一起，重新形成库珀对。所以不管在什么时候，只有少数库珀对会被拆散，剩余库珀对仍能不受阻挡地传输电流。随着温度的升高，破损的库珀对比例会越来越高，而能隙大小的减少也会继续加强这个趋势。到了每个临界温度时，能隙会降为零，在这个温度以及更高温度环境下，库珀对不再存在，材料性质就会变得像普通金属一样。我们在图 6-1 中用金属铅对此进行了解释。

因此，我们得出结论，超导体之所以能不产生任何阻力地支持

---

[1]　原则上，当所有库珀对均出现碰撞，同时出现同等程度的速度改变，这时就会出现电阻。然而，一个标准超导体样本中大约含有 10^{20} 个库珀对，发生这种情况的概率小到可以忽略不计。

电流通过，是因为即便有电流通过，超导体中的能隙也会继续存在。因此，电流一旦出现就会一直流动下去，除非超导体本身被摧毁，比如用提高温度的方式"消灭"超导体。科学家已经通过测量一个超导体回路中的电流的时间函数，对超导体的这一性质进行了测试。科学家在实验中没有发现变化，而且这些实验测量仪器的灵敏度很高，根据计算，即便实验持续几百年，电流也不会衰减。这一性质与铜之类的金属存在显著区别，即便是极低温度下纯度极高的铜，在撤掉外部电压后，内部电流也会迅速衰减。

那么我们又该如何在超导体中启动并停止电流呢？以图 6-4 的电路为例。在图 6-4（a）中，电池或其他电源驱动电流在电路中运动，其中一部分电路由超导体材料制成。关闭一个开关后，电路形成闭路，如图 6-4（b）；打开另一个开关，可以切断电路与电池的连接，电流通过超导体电路，并继续保持流动。

还可以采用的一种方法，是用改变磁场的方式让金属线圈感应电流。我们可以用移动磁铁穿过金属线圈的方式实现这个目的，如果电线是普通导体，只要磁铁保持移动、导致磁场改变，电流就能在电路中流通；可一旦磁铁不再移动，由于电线存在电阻，电流就会停止。因为超导体中不存在电阻，所以即便磁铁停止移动，电流也会继续流动，除非磁铁回到初始位置，或者材料的超导性被消灭。

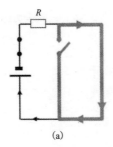
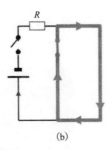

(a)　　　　　　　　　　　　　　　(b)

图 6-4　超导体回路中的电流运动

注：黑线代表普通导体，灰色的粗线代表超导体。图 6-4（a）中，由电
池提供的电压驱动电流通过电阻 R 和超导体回路。图 6-4（b）中，一个
开关被关闭，使得电流可以通过完整的超导体回路；另一个开关则被打
开，切断了电池与回路的连接。只要上述电路不变，电流就会永远流动。

　　"磁悬浮"（magnetic levitation），或者说"浮动磁铁"这样的
现象，戏剧性地展现了超导体的上述特征。如果水平放置一个超导
体，再使一块磁铁从上到下接近超导体，电流就会被感应，从而创
造出一个磁场，可以向磁铁施加作用力。根据"楞次定律"（Lenz's
law），这个作用力与磁铁最初的运动方向相反，因此与拉动磁铁向
下的引力产生对抗。磁铁的磁性越强，电流就会越大，作用力也会
越强。如果一块磁铁的磁性足够强，且重量足够轻，这个向上的作
用力就能平衡引力，磁铁因此就能悬浮在超导体的表面之上，出现
如图 6-5 所示的磁悬浮现象[①]。现代超导技术和磁铁技术在 20 世纪末

---

① 超导体磁悬浮与其他利用磁力的方法间的一个重要区别，就是超导体中的磁力能
够保持稳定。让两块磁铁的北极点相互接近，想象一下让其中一块在另一块上方保持
平衡时的样子：上方的磁铁总是想要翻转，让自身的南极接近下方磁铁的北极。大多
数非超导悬浮，如磁悬浮列车中都会含有能够持续探测并抵消上述不稳定性的设备。

取得了长足发展，凭借这两种技术，悬浮力可以支撑极重的物体。

图 6-5　磁悬浮现象

注：磁悬浮是指一块磁铁在一个高温超导体上飘浮。

由于超导电流可以不受阻碍地流动，因此在任何需要大量电流的情况下，都可以应用超导体来传导电流。典型的例子就是将发电站的电传输给用户。因为传统导体中存在电阻，所以大部分分布式电源会在电线中以平均每米电缆产生 30 瓦的功率来制造热能，而热能会散发到空气中被浪费。如果能使用超导体，我们就有可能避免大部分甚至全部的电力浪费。

然而，超导体在实践中的应用却存在一个重大障碍：超导现象一般只会出现在极低的温度环境下，所以让电线进入并保持超导状态需要冷冻机，而冷冻机的使用成本和耗费的能量通常比超导体能节省的还要多。

超导性目前发展得比较成熟的一个应用领域，就是制造大型磁铁。因为超导电流可以不受阻碍地流动，所以由此制造出的磁场一旦形成，不需要电源也能维持下去。因为电磁铁绕组不会产生热量，所以能生成非常强的磁场，而这种磁场因为磁性极强，产生的电流会融化由铜之类的传统材料制成的线圈。与可以延伸几百千米的电线相比，磁铁占据的空间小了很多，基本不会比普通人家中的一个房间更大，因此超导体制冷的性价比变得更高。由于这些原因，超导磁铁如今已广泛应用于需要大型、稳定磁场的场合。例如，医院的磁共振成像仪（MRI）就是在磁铁中使用了超导线圈从而产生稳定的磁场。

磁场也在电动机的运行中起到了重要作用，从原理上说，超导体也能在其中起到作用，不过超导体在电动机领域更有可能用作特殊的目的，因为传统电动机产生的热损失与电动机提供的能量相比十分微小，而且产生的磁场通常也比前面所说的超导磁铁产生的磁场要小。超导电动机的主要优势在于其尺寸更小，因为超导导线一般比同等效用的铜导线的体积要小得多。

高温超导

我们在前面提到，超导性最初是卡默林·昂内斯在使用液氦将铅冷却到 4K 以下的温度时发现的。在昂内斯发现这个现象后的 75 年里，科学家又在多种金属与合金中发现了超导现象，但最高的临界温度仍不到 23K，并且达到这一温度还是需要大量的液氦。直到今天，氦气液化的难度和成本仍然很高。为了防止液体沸腾，液氦必须被两个真空保温瓶围住，而真空保温瓶之间需要填充液氮。因此，直到 20 世纪 80 年代，超导性也只被看作纯粹的科学研究课题，只能用作特殊用途。可在 1986 年，高温超导出现了。

约翰内斯·乔治·贝德诺尔茨（J. Georg Bednorz）和卡尔·亚力克斯·米勒（Karl Alex Müller）是两名在 IBM 苏黎世实验室工作的科学家。两个人意识到超导体可以在比液氦温度高的环境下运行，出于爱好，两个人开始测试不同的材料，了解这些材料能否满足他们的设想。当他们将注意力集中到镧、铋、铜和氧组成的一种化合物时，获得了非常意外的发现。他们发现，这种化合物的电阻会在温度降到 35K 时骤降为零。尽管 35K 仍是一个极低的温度，但已经是之前的 1.5 倍了。

其他科学家很快以两人的开拓性研究为基础，不断深入。1987 年 1 月，一个来自阿拉巴马大学汉茨维尔分校（University of Alabama-Huntsville）的研究团队在类似于贝德诺尔茨和米勒发现的化合物中，用钇替换了镧。他们发现，新的化合物在 92K 的温度下仍具有超导性。[①] 这一研究发现不仅在温度上实现了巨大跨越，而且突破一个重要的里程碑，因为氮的沸点可以达到 77K，这意味着不

---

① 经查证，发现者应为朱经武等人。——编者注

需要液氦也能实现超导现象。制造液氮的难度比液氦小得多，而且生产成本不到液氦的 1/10，只用一个真空保温瓶就能储存，这一发现实现了人类历史上第一次无须价格高昂的特制设备就能对超导性进行研究。过去，科学家只能隔着几层玻璃，在实验室里观察类似磁悬浮一样的超导现象，实验台上甚至都能看到液氮和液氦，图 6-5 中就有这样的例子。可从 1987 年开始，这一领域的研究发展就没那么显著了。目前已知的可跃迁至超导状态的最高温度，出现在汞、铊、钡、钙、铜和氧的化合物上，正常压力下这种化合物在 138K 的温度下就能进入超导状态，在极压环境中，这种化合物转化为超导体所需的温度还可以继续提高，在 30 万个大气压下，转变温度可以提高至 160K 以上。[1]

由于这些化合物的转变温度远高于过去的纪录，它们也因此被称为"高温超导体"。这个说法具有误导性，因为只看这个名字，人们可能觉得某种物质在室温甚至更高温度时也具有超导性，但这显然与事实不符。不过，1986—1987 年，科学家将使化合物进入超导状态的温度从 23K 提高到了 92K，相当于提高了 3 倍多。科学家认为，再向前发展就能实现在室温下拥有超导体的梦想。我们可能觉得，突破液氮温度能极大地提高超导性的应用前景，但现实中的发展却没有人们想象得那么快。主要原因有两个：第一，含有高温超导体的物质被称作"陶器"，也就是说，这些物质与其他陶器，如厨

---

[1]　截至 2022 年，一种碳质硫氢化物能够在 288K 下具有超导性，但需在 267 万个大气压下。——编者注

房里常见的陶瓷制品，有着相似的机械原理，坚硬却易碎，这使得它们难以制造成可以代替金属导线的形式。第二，高温超导体所能支持的最大电流太小，无法满足电力输送或制造大型磁场等现实需求。不过，高温超导仍是一个非常活跃且在不断发展的研究领域。例如，以高温超导体为基础设计的电动机在 21 世纪初的几年里已经进入原型机研发阶段。高温超导体的最大潜力，还是发挥在轻重量且要求大功率输出的场景下，比如运用在为一艘船提供动力的电机中。

磁通量量子化与约瑟夫森效应

我们已经了解了含有库珀对的超导体，库珀对中的两个电子被束缚在一起。因此，我们可以简单地把超导体的量子力学运动描述成上述电子对而非单个电子的运动。实际上，我们可以把这样的电子对看作一个粒子，其质量等于两个电子的质量之和，电荷数为电子电荷的两倍，运动速度等于电子对的净速度。这种粒子的物质波波长可以通过德布罗意公式，用电子对的净速度和质量计算出来（详见"数学小课堂 2-3"）。电流可以通过不被障碍物散射的库珀对传输到超导体中，这意味着库珀对的量子波可以在整个晶体中连贯延伸。这与普通金属形成了对比，我们在第 4 章里提到过，在普通金属中，每当电子被热缺陷或杂质分散时，波都会被干扰。这种连贯性带来的结果之一，就是"磁通量量子化"（flux quantization）。

想理解这个问题，我们首先需要对磁场有一定的了解。在图6–6中我们看到，电流在金属线圈中流动，会导致线圈产生磁场（标注为 B）。整个回路区域的全部磁场之和，就是"磁通量"（magnetic flux）。假设图中的金属线就是超导体，库珀对的波函数必须与自身汇合，这样回路的长度才会等于整数倍波长，详见图4–2。根据我们在"数学小课堂6–1"里提到的一些原因，这个区域磁通量的数值由通过回路的磁场决定：磁通量永远等于一个整数乘"磁通量量子"（flux quantum），而磁通量量子等于普朗克常数除以一个库珀对的电荷。计算出来的结果，相当于一个大小约为地球磁场的二百万分之一的磁场穿过一个 1 平方厘米的区域。

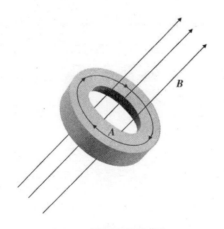

图6–6 磁通量量子化现象

注：电流在超导体环的里侧运动，制造出来一个穿过超导体环的磁场 B。B 上有一个磁矢势 A，表现为超导体中的闭路。A 在其中一个环上的磁通量等于穿过圆环的磁场 B 的全部磁通量。

现在，我们再来了解所谓的"直流约瑟夫森效应"（DC Josephson Effect），其中涉及库珀对的隧穿。在第 2 章中，我们讨论过量子隧穿，类似电子一样的粒子可以穿透在经典物理学看来无法穿透的势垒。如果让两个超导体彼此接近，但中间用一个很薄的绝缘材料隔开，我们就能制造出这种势垒。假设这个势垒足够薄，而且电流小于最大值，即临界电流，库珀对就能在穿透势垒的同时，保持自身的特性和连贯性。布莱恩·约瑟夫森（Brian Josephson）在 1962 年提出的这一理论假设让所有研究超导现象的科学家大为惊讶。可自那之后，约瑟夫森的理论不仅得到了实验的证明，也被认为是量子力学原理在现实中的又一表现。

约瑟夫森效应在现实中主要有两种应用，但这两种应用都难以简单地解释，所以我们在这里只会进行描述。第一种应用与准确测量磁场有关，其中涉及"超导量子干涉仪"（SQUID）。这个仪器中含有一个超导回路，这个回路被两个约瑟夫森结阻断，具体可见图 6-7。

电流从回路的一边传输到另一边，被分成两部分，电流分开时，每一路分别穿过一个约瑟夫森结。由于电流带有波属性，两个波之间可能出现干扰，最终产生的结果就是，在不摧毁材料超导性的前提下，通过回路的最大电流取决于穿透回路的磁通量的大小。最大电流会随着磁场的改变而振动，这个振动的周期为一个磁通量子，详见图 6-7（b）。

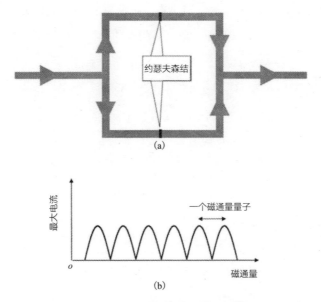

图 6-7 超导量子干涉仪的工作原理

注：图 6-7（a）中，一个电流通过超导体（由灰色粗线表示）后被分为两路，每一路分别通过一个约瑟夫森结。当电流波与自身重新结合时，两者间的量子干扰会在穿透回路的磁通量发生改变时，让最大容许电流发生振动，见图 6-7（b）。

如果我们将超导量子干涉仪放进一个被磁场穿透的区域，这个仪器就能测量穿过回路的磁通量大小，而且误差基本小于一个磁通量量子。对实验室里常见的磁场，超导量子干涉仪的测量误差不到 10^{-10}，这比其他任何测量磁场的技术手段都要精确得多。

数学小课堂
6-1

为了理解磁通量量子化，我们首先需要对磁矢势 A 做出定义，这是一个与磁场有关的数量。如果一个回路中有磁场穿过，那么 A 的方向就如图 6-6 所示，而回路中的磁通量 f 等于 A 乘以回路的长度 L，因此：

$$f=AL$$

如果想让一个波在圆周长 L 的回路中保持连贯，那么圆周长就必须等于整数倍波长 l，因此：

$$L=nl=nh/p$$

其中 n 为整数，p 是库珀对的动量，最后的结果源自我们在第 2 章里讨论过的德布罗意方程组。

要想知道如何推导出磁通量量子化，我们首先需要知道，一个带电粒子在磁场中运动时，所具有的动量并不只是常见的 mv，而且还要包含一个额外的分量 qA，其中的 q 是粒子所带的电荷数。此外，当电流通过一个超导体时，电流只会在材料表面的区域流动，所以在库珀对位于超导体内部的情况下，qA 等于全部动量。综上所述，结合图 6-6，我们可以得出：

$$L=nh/qA$$

因此：

$$f=AL=nh/q=n\,(h/2e)$$

其中用到了一个库珀对所带电荷等于单一电子（e）所带电荷的两倍的事实。$h/2e=2\times10^{-15}\mathrm{J}\cdot\mathrm{s}\cdot\mathrm{C}^{-1}$，这个数量就是"磁通量量子"，如前所述，通过一个超导体回路的磁通量永远等于磁通量量子的整数倍。地球表面上一个点的磁场约为每平方米 5×10^{-5} 个单位，相当于每平方厘米有 4×10^{5} 个磁通量量子。

约瑟夫森效应的第二个应用，被称为"交流约瑟夫森效应"（AC Josephson Effect）。因为不会遭遇电阻，电流无须外部电源提供电压也能在超导体和约瑟夫森结里流动。但是，当我们特意将稳定电压施加于约瑟夫森结时，就会出现交流约瑟夫森效应。我们会发现，由此产生的电流并不稳定，而是会产生振动，振动频率等于电压乘电荷数的积的两倍再除以普朗克常数。如果电压为 10 微伏，那么电流平均 1 秒会发生 480 万次振动，这近似于微波频段的电磁辐射。因为我们可以极其精确地测量这一频率，再配合数值已知的基本常数，我们就能极其精确地测量电压。由于这种方法的精确度极高，如今国际上就以约瑟夫森效应作为衡量电压的基本标准。

超导量子干涉仪和其他以约瑟夫森效应为基础的仪器早在高温超导体被发现前就已经出现了，但高温超导材料正是因为在这一领域得到成功应用，之后才广泛用于商业制造与产品销售。

章后小结

在这一章里，我们讨论了超导现象及其在现实中的应用。本章要点如下：

- 某些物质冷却到低温状态后，其中的电阻会突然消失，这就是"超导现象"，表现出这种性质的物质就是"超导体"。

- 金属中电子间的静电斥力因为距离变长而减弱，这是因为静电排斥被位于两个电子之间的其他电子与离子间的相互作用而屏蔽。

- 一个在金属中移动的电子可以导致离子晶格产生微小的振动，这些振动可能与其他电子产生相互作用，产生比屏蔽斥力更大的吸引力。

- 吸引力导致库珀对产生，库珀对由两个速度相同、移动方向相反的电子组成。有电流通过时，大多数库珀对可以保持完整，由此产生超导性。

- 超导性的应用之一是制造大型磁铁，比如用于磁共振成像仪。

- 高温超导体可以在 100 K 的温度时仍具有超导性，这与传统超导体在 20 K 或更低温度时就会失去超导性形成鲜明的对比。

- 当电流通过超导回路时，通过回路的总磁通量被普朗克常数除以两倍电子电荷的单位的值量子化。

- 磁通量量子化导致了约瑟夫森效应，以这个效应为基础，人们制造出的超导量子干涉仪可以极为精确地测量磁场。

- 交流约瑟夫森效应可用于制造电压测量仪器，因为精确度极高，我们甚至用约瑟夫森效应作为衡量电压的基本标准。

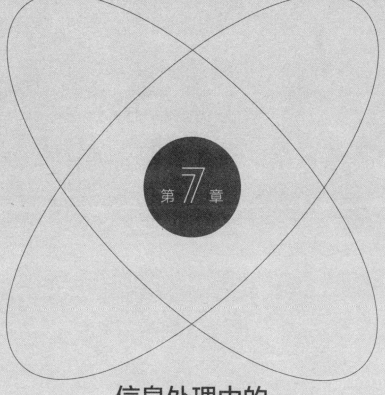

QUANTUM
PHYSICS

第 7 章

信息处理中的
量子力学

　　20 世纪 90 年代以来，人们对使用量子力学原理解决信息处理问题的兴趣越来越浓，计算机应用就是一个典型例子。我们在第 5 章里提到，构成现代计算机的基础就是半导体，而半导体遵循的就是量子力学原理。尽管如此，这些计算机通常仍被视作属于经典物理学的范畴。原因在于，尽管这些计算机的运行以量子理论为基础，但其计算采用的却是极其经典的方式。若想更深入地理解这个问题，首先我们需要明确，信息在传统计算机中表现为一系列 1 或 0 的二进制位。信息的表现形式与控制它们进行计算的方式无关。可在量子信息处理的过程中，量子力学原理却在计算机的实际操作中起着至关重要的作用：信息表现为"量子比特"（qubits）这种量子物质，而量子比特的运动受量子定律约束。一个量子比特就是一个量子系统，可以像经典系统一样处于用 1 或 0 表示的两种状态之一；但一个量子比特也可以处于一种量子叠加状态，也就是 1 和 0 可以同时存在。通过一些具体案例，我们很快就能清晰地理解这个理论。在这些案例中，我们会看到量子信息处理技术能够做到一些经典物理学做不到的事情。

　　尽管存在众多可以用作量子比特的量子系统，我们还是将讨论集中于电子自旋的例子上。在前面的章节中，我们发现电子和其他基本粒子都存在一种被称作"自旋"（spin）的量子性质。这里的自旋指的是一个粒子以一个轴为中心旋转，这会让人想起地球自转或者陀螺旋转。但读者们最好将这种经典模型看作一种类比，如果只从字面意思上理解，就会为理解量子力学理论带来困难，而这种情况并不少见。我们要关注的是，自旋定义了空间的方向，即粒子自旋时的轴线。测量一个基本粒子，如测量电子的自旋时，我们会发现它的数值永远保持不变，而其方向与测量方向平行，或反向平行。简而言之，我们可以说电子自旋的指向只有向上、向下两种[①]。我们在第2章里提到，粒子在依据泡利不相容原理填充任何能级时，以上两种方向的可能性在决定填充能级的粒子数量时起到了重要作用。这时我们意识到，自旋至少含有一个量子比特必需的性质：它可以处于两种状态之一，这两种状态可以用二进制数字1和0表示。现在我们可以想办法去理解如何将自旋置于叠加状态，以及这将产生怎样的效果。

　　读者可能会问，"向上"和"向下"是什么意思？显然，电子本身的运动不可能受这种说法的影响，因为"上下"取决于我们在地球表面的生活经验，我们认为的"上"和"下"会随着地球的旋

---

① 只有一部分基本粒子才是这种情况，但我们熟悉的电子、质子和中子均在其中。其他一些更少见的粒子可能带有三个、四个甚至更多的自旋方向，而有一些甚至完全不存在自旋。

转而发生改变。为什么我们不能以水平轴为基准衡量自旋，用"左"或"右"去定义呢？答案就是，我们可以以任何方向为基准去衡量自旋，但最终会发现自旋要么与这个基准平行，要么反向平行。然而，进行上述测量却有可能毁掉我们之前以其他方向为基准测量后收集的信息。这是因为，测量会迫使粒子调整自旋，回到与新的轴线平行或反向平行的状态。

现实中，我们又该如何测量自旋方向呢？最直接的方法就是利用任何自旋粒子均存在磁矩这个事实。也就是说，像电子这样的基本粒子会像一个小型磁铁一样，以自旋轴为中心运动。因此，测量磁矩的方向就能得出自旋方向。测量磁矩的方法之一，是将粒子放入实验室制造的磁场中。在放入粒子的过程中使磁场强度越来越大，如果自旋方向是向上的，那么指向这个方向的磁矩就会向上移动；反之，如果自旋方向是向下的，那么向下的磁矩就会向下移动。此外，导致上述运动的作用力的大小，与磁矩的量值及自旋的大小成正比，因此，我们可以用偏转的粒子数量推算这个作用力的大小。1922年，两名在德国法兰克福工作的物理学家奥托·施特恩（Otto Stern）和瓦尔特·格拉赫（Walther Gerlach）首次进行了这样的实验。他们让一束粒子[1]通过经过特殊设计的磁铁，于是粒子被分为两束，一束对应向上的自旋，另一束对应向下的自旋，如图7-1（a）所示。

---

[1] 这里用到的粒子，其实是高温炉中蒸发的银原子。银原子含有47个电子，但其中46个处于两种自旋方向相反的电子对的状态，因此这些电子相反的磁矩会互相抵消。银原子的净自旋和磁矩就是那个剩下的第47个电子的自旋和磁矩。

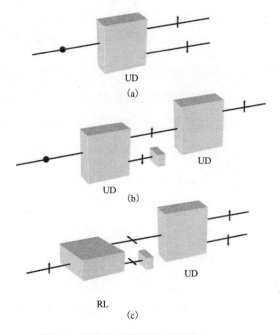

图 7-1 施特恩和格拉赫测量自旋的实验

注：方块代表磁铁。根据自旋方向不同，穿过这个磁铁的粒子会出现在其中一个通道。图 7-1（a）测量的是向上 / 向下（UD）的自旋。确定自旋方向后，在同一方向的后续测量会出现同样的结果，见图 7-1（b）。图 7-1（c）中的粒子在通过一个右 / 左（RL）偏光板后，会随机出现在两个通道的任意一个中。测量左右偏振的行为使得之前测量到的上下自旋信息失去了意义，所以，当我们再次测量自旋时，光子也会再次随机出现。

如前所述，我们可以通过旋转磁铁自由选择测量时的方向。例如，使测量方向变为从右至左。这时仍会出现两束粒子，只不过这次粒子出现在水平面上，而不是之前的垂直面，而且间距保持不变。我们可以得出结论，粒子的自旋大小与测量方向为垂直时所测出的一致，只是现在方向指向左边或右边。因此，在单个实验里，我们只能选择一个方向对自旋进行测量，而且得到的总是两个结果中的一个：自旋与我们选择的方向要么平行，要么反向平行。完成以上测量后，我们会发现一个粒子的自旋会指向特定方向，比如向上。如果重复测量，我们会得到同样的结果。所以我们可以合理地得出结论，即这个粒子的自旋方向为向上，见图 7-1（b）。与此类似，如果我们再一次测量一个之前向右旋转的粒子的水平自旋，我们会发现它又一次向这个方向自旋，我们就可以以此认定它的自旋方向为向右。

那么，我们为什么不能同时测量一个粒子的水平和垂直自旋呢？当然，想进行上述测量，我们只需要先用一块垂直放置的磁铁对粒子进行测量，再让粒子穿过一个水平放置的磁铁测量其水平自旋。问题在于，第二次测量会让我们在第一次测量中获得的信息变得毫无意义。如图 7-1（c）所示，通过垂直测量的自旋向上的粒子又通过了一个水平放置的磁铁。我们发现，其中一半的粒子从右边的通道出现，另一半则通过左边的通道，所以，我们把粒子分为两类，一类的自旋方向是向上、向右，另一类的自旋方向是向上、向左。可如果我们想要验证垂直自旋的量值时，我们就会遇到问题，比如让一个向左的粒子通过另一个垂直放置的磁铁时，并非所有的粒子都会从上面的通道出现，而是一半从上面出现，另一半从下面的通道出现，这就是不能同时测量水平和垂直自旋的原因。我们只能得出结论，水平自旋测量导致前一次垂直自旋测量获得的结果变得毫无意义。就像前面提过的那样，我们面临着量子力学的一个基本原则，即对一个物理量的测量导致之前获得的与另一个物理量有关的信息全部作废。我们还可以从另一个角度看待这个问题，在水平自旋被测量前，自旋向上并非"或左或右"，而是"既左又右"，这就是我们所说的"量子叠加"，即一个自旋向上的粒子处于一种既向左又向右的状态，而测量水平自旋的行为导致量子系统坍缩至其中一种或左或右的状态。后面讨论量子计算时我们会更深入地探讨这个问题。

类似上面的例子有助于我们从概念上理解量子力学原理，不过我们把这些理论问题放在下一章再进行讨论。20 世纪末 21 世纪初，信息处理技术不断发展，而我们的重点就是解释这些原理在信息处理领域的实际应用。我们将集中讨论的两个例子是量子密码和量子计算。

量子密码

密码学是一种使用密码本或密码索引对信息进行编码的科学（或者说艺术），这样信息可以从一个人发送给另一个人，这两个人分别叫作发送者和接收者，而窃听者无法理解信息，为了便于理解，我们把发送者、接收者和窃听者依次叫作爱丽丝、鲍勃和伊芙。为信息加密的方法很多，但我们关注的一两个简单的例子，足以说明其中的原理以及量子力学起到的作用。假设我们要发送的信息是"量子"这个词。一种简单的加密方法就是用字母表里的后一个字母替代前一个字母，而字母 Z 则需要用 A 替代。再宽泛一点儿说，我们可以用字母表中相隔 n 个字母的字母替代原始字母来加密，再用前 n 个字母替代字母表中最后 n 个字母，由此我们就会得到如表 7–1 的编码表。

表 7–1　不同 n 值的编码表

明文信息	Q	U	A	N	T	U	M
以 $n=1$ 编码	R	V	B	O	U	V	N
以 $n=7$ 编码	X	B	H	U	A	B	T
以 $n=15$ 编码	F	J	P	C	I	J	B

这种密码显然很容易被破解。n 只存在 26 个数值，一个人只需要一支笔和一张纸，花上几分钟就能写出所有可能的结果，而计算机只需要几微秒就能完成计算。n 的正确数值被视作解读信息的唯一途径；如果原始信息相对较长（比如几个词或更多），那么 n 的数值不止一个的可能性就非常微小。

另一种同样简单但又略微复杂一点儿的加密方式涉及算术。首先，我们可以用一组数字替换信息中的字母，A 就是 01，B 就是 02，以此类推，Z 就是 26。其次，我们在信息中加入一个已知的代码，代码可以通过循环数的形式获得，这个数就是密钥，循环的次数不限，直到生成一个与信息长度相同的数字代码。将这个数字代码写在信息下方，两行数字相加组成加密信息。表 7–2 展示的就是这种加密流程，我们选择 537 作为密钥。

表7-2　涉及算术的加密形式

明文信息	Q	U	A	N	T	U	M
数字表示	17	21	01	14	20	21	13
代码	53	75	37	53	75	37	53
加密信息	60	96	38	67	95	58	66

　　爱丽丝把最后一行数字发送给了鲍勃，假设鲍勃知道加密方法，也知道 537 这个密钥，他就能获取代码，破译加密信息。如果伊芙截获这份信息后想要解密，她只能把 1 000 种可能的密钥挨个尝试一遍，才可能获取有用的信息。当然，计算机还是能以极快的速度完成上述工作。

　　上面两个案例存在一个共同的重要特征，那就是密钥比信息本身短很多。加密时，我们也可以选择更为复杂的数学方法。如果密钥是一个 40 位的数，那么如今我们使用的传统计算机需要花上很多年时间，才能解读用这种方法加密的信息。因此，如果爱丽丝和鲍勃可以用完全保密的方式交换一条短信息，他们就能在发送真正的信息前用这条短信息确定密钥，再公开交换加密信息，因为他们确信伊芙看不懂加密信息。可这一切必须取决于爱丽丝和鲍勃知道密钥，并且伊芙无法获得密钥。所以重点在于安全密钥的交换，而这正是在量子技术的推动下发展起来的，我们很快就会讨论到这部分内容。

这里需要回忆一下第 5 章的内容，我们知道任何数都可以转换为二进制，用 0 和 1 表达。因此 549 等于 $5 \times 10 \times 10 + 4 \times 10 + 9$，但也等于 $2^9 + 2^5 + 2^2 + 1$，换成二进制就是 1000100101。一个 40 位的十进制密钥用二进制表达时，一般长度为 150 位的数。为了交换密钥，爱丽丝和鲍勃只需要知道一个 150 位的数，需要注意的是，两个人都不需要提前知道密钥是什么。假设爱丽丝用一组粒子自旋代表密钥，其中一个方向（比如向上）为 0，与之相反的方向为 1。爱丽丝让一组自旋粒子穿过施特恩 - 格拉赫磁场，记录下每个粒子从哪个通道出现，并将粒子发送给鲍勃。如果鲍勃知道爱丽丝的磁场方向，他就能通过让粒子穿过相同方向的磁场并记录粒子从哪个通道穿出的方式推算出同样的自旋值。

假设伊芙中途截获了爱丽丝发给鲍勃的粒子，如果她知道爱丽丝和鲍勃的做法，她就能像他们一样放置磁铁，并且只要接收到一个粒子，她就能测量出量子的自旋方向，再将粒子发给鲍勃。通过这种方式，伊芙就能在爱丽丝和鲍勃不知情的情况下记录信息。可如果伊芙不知道爱丽丝和鲍勃放置磁铁的方式，她就只能猜测，如果她猜错了，比如爱丽丝和鲍勃将仪器设置为测试上下自旋，而伊芙却将自己的仪器设置为测试左右自旋，那她就不会得到任何上下自旋的信息，因此也无法获知爱丽丝发出了什么信息。

此外，伊芙发给鲍勃的粒子只会左右自旋，所以这些粒子穿过鲍勃设置的磁场后只会从上下通道中随机出现。我们注意到，这本质上就是一个量子过程，因为伊芙的测量行为破坏了爱丽丝发送给鲍勃的信息，如果采用传统的方法加密，伊芙就能在读取完信息后不做更改地再次发送信息。而在量子过程中，由于伊芙不知道爱丽丝设置的磁场方向，即便她从中阻断，导致鲍勃无法获得正确的信息，但伊芙也无法获得信息的内容。最后，当爱丽丝使用她与鲍勃认同的密钥加密信息时，鲍勃只能用伊芙发给他的版本进行解密，如此解密后的信息毫无用处，鲍勃自然无法理解。于是，爱丽丝和鲍勃很快就会意识到，他们的信息被人窃听了。

不过我们在前面也说过，这种密钥交换方式并非百分之百安全。如果爱丽丝和鲍勃总是采用同一种磁铁放置方式测量粒子自旋，爱丽丝就可以用自己的设备进行不同的尝试，直到找到正确的结果。为了应对这个问题，爱丽丝和鲍勃每次发送自旋粒子时，可能会随机选择上／下或左／右方向，可为了让这个方法奏效，鲍勃就必须知道爱丽丝设置的方向，从而在自己的设备上进行同样的设置。

此外，他们也得通过发送信息的方式，将设置方式告知对方，但这个信息可能也会被伊芙截获，她会确保自己的设备设置正确，从而实现偷听的目的。爱丽丝和鲍勃也有办法可以避免出现这种情况。首先，爱丽丝先记下一个粒子的自旋方向和磁铁设置方向（上／下或左／右），保存这些信息后将粒子发送给鲍勃。然后，她可以任意选择改变或保持磁场方向，将另一个粒子发送给鲍勃，并继续这个过程。而鲍勃使用一个方向已知的磁场，记录到达粒子的自旋方向，而每次测量他也会随机选择保持或改变磁场方向。从统计的角度出发，爱丽丝和鲍勃的磁场设置方向有 50% 的概率是一致的，另外 50% 的概率为两人的磁场设置方向形成了直角。完成交换后，爱丽丝和鲍勃完全可以公开交流，通知彼此每次测量时的磁场方向，但不会把测量结果告知对方。他们会确定设备设置方式相同得出的结果，放弃其他结果。如果发射了足够数量的粒子，这个数量要超过为密钥加密所需比特数的两倍，他们就将拥有一个双方都知道的密钥，这个密钥可以安全地为信息加密。如果伊芙在偷听，因为她不知道爱丽丝和鲍勃的设备是如何设置的，密钥交换就会被打断，鲍勃无法阅读信息，伊芙也无法阅读。

以上述原理为基础的量子密钥交换在 20 世纪末得到了验证。尽管我们已经对这个原理进行了大量讨论，但现实中的应用却与我们所说的存在很大的区别。首先，现实中使用的量子物质一般不是电子或原子，而是光子，被测量的量也不是自旋（尽管与自旋相关），而是光子的偏振，具体内容可见第 8 章。在实践中出现的一个常见问题，与传输过程中粒子的损耗以及环境中的偏折粒子带来的干扰有关，我们需要进行额外的测量以克服上述干扰。因此，在有效传输一个 128 位的密钥前，我们通常先要交换相当于密钥数的 10 倍的比特数。不过以上过程可以在非常短的时间内自动完成，如今，相距5 000 千米的两地之间已经可以用每秒近 10^5 比特的速度进行量子密钥交换。

量子计算机

量子信息处理技术在现实世界中的另一个应用，就是量子计算机。需要注意的是，用"现在时"描述量子计算机其实是错误的，因为目前的量子计算机只能进行简单的计算，而我们用最简单的计算器甚至心算也能完成这些工作。[①] 尽管如此，如果科学家能攻克技术障碍，量子计算机就有可能用比任何传统机器快得多的速度完成某些计算。正是这个原因，使得量子计算机近些年来成为科研界的圣杯，众多科学家投身这一领域，大量产业投资投入量子计算机的研发中。不过这些投入能否获得回报，还有待观察。

理论上，我们又该如何利用量子力学的概念去实现上述目的呢？本书显然不能进行详细深入的讨论，但我们可以了解其中涉及的一些基本原则。第一个关键点在于，量子计算机中的二进制位不是以电流通过晶体管的方式表现出来，而是以单一的量子物质，比如一个自旋的粒子的形式表现出来，前面讨论量子密码时我们已经提到了相关案例。和前面一样，假设 0 代表一个粒子在垂直方向上自旋为正（自旋向上），而 1 代表自旋为负的粒子（自旋向下）。这种使用量子物质代表二进制位的方法，一般被称为"量子比特"。

第一个例子是我们需要考虑如何进行"非"运算。非运算是一种基础的布尔运算，涉及用 1 替换 0 和用 0 替换 1 的计算。读者需

---

① 具有"量子优越性"的量子计算机目前已经出现。——编者注

要记住的是，一个转动的粒子就像一块小型磁铁。也就是说，将这个粒子放入磁场中后，它会像指南针一样与磁场方向对齐。不过这个运动会受到自旋①惯性的抵抗，但只要控制好磁场的强度，我们就可以让自旋粒子朝任何角度转动。例如，如果这个角度是180°，那么一个自旋向上的粒子就会被转为向下，而向下的粒子会转到向上的位置，而这正是我们运行非运算时需要的结果。传统计算机对二进制位进行的运算都可以在量子比特上实现，我们只需要将自旋粒子放入经过合理设计的磁场中。不过量子比特间可能产生相互作用，这也是在现实中制造量子计算机所面临的挑战之一。

到目前为止，我们只说明了，以量子比特为基础的量子计算机可以做和以二进制位为基础的传统计算机一样的事情。如果仅此而已，那我们根本没必要使用量子计算机。实际上，我们有理由相信，按照上述方式使用的量子计算机，它的速度和效率都会比传统计算机差很多。想真正了解量子计算的潜在优势，我们首先需要更深入地理解叠加态的概念。

我们在前面看到，在知道一个自旋粒子的值（比如自旋轴指向右）的情况下，如果我们再朝另一个方向测量粒子的旋转，比如向上或向下，粒子状态的改变会导致我们丢失之前获得的信息。也就

① 我们可以和前面提到的施特恩－格拉赫实验结果进行对比，在那个实验中，磁场的作用就是使通过其中的粒子发生偏转。施特恩－格拉赫磁场可以避免显著的自旋旋转，是其实验设计中的重要限制条件。

是说，如果一个粒子处于自旋向上状态，那么说它指向左或右都是无意义的。在现实中，这个结果并不让人感到意外，因为如果我有一个从左向右指向的箭头，我就回答不了"你的箭头向上还是向下"这个问题。可在深入研究自旋粒子的量子性质后，人们发现，与其说一个自旋向上的粒子既不向左也不向右，更准确的说法应该是它既向左又向右。

自旋向上的粒子的量子态，是自旋向左和自旋向右的两种量子态的叠加状态。想象一个粒子的自旋轴既不垂直又不水平，而是介于两者之间，那么这个粒子也可以被看作自旋向上和向下的叠加态。假如一个粒子向右自旋，那么它向上和向下的自旋就是平均分布的状态；可如果自旋轴接近垂直，且自旋状态为正，那么这个粒子的叠加态里就会有更多的向上状态和更少的向下状态。也就是说，一个量子比特可以处于 1 和 0 的叠加态，而量子计算机的强大之处是能在这种状态下进行运算产生结果，这个结果是使用不同输入端分别进行计算后获得结果的叠加态。

回到非运算，如果拿一个自旋向左的粒子，旋转后使其向右，我们就会同时反转这个粒子的向上 / 向下叠加态。由此，我们用一次操作就将 1 变为 0，同时将 0 变为 1，并且同时进行了两次运算。如果在含有不止一个量子比特的状态中使用叠加态原理，我们就能进行更复杂的运算。

我们可以通过一个非常简单的程序来解释清楚这个问题。这个程序的输入内容为 0 到 3 之间的任意数字，每个数字由 3 个二进制位表示。将这个数字乘 2 后，输出内容是一个 3 位数。因为每个量子比特包含 0 和 1 两种状态，所以我们可以进行 4 种不同运算，如表 7–3 所示。

表 7–3　量子比特运算结果

输入的数	输入比特	输入量子比特	输出量子比特	输出比特	输出的数
0	0 0 0	↑↑↑	↑↑↑	0 0 0	0
1	0 0 1	↑↑↓	↑↓↑	0 1 0	2
2	0 1 0	↑↓↑	↓↑↑	1 0 0	4
3	0 1 1	↑↓↓	↓↓↑	1 1 0	6

尽管表格中显示的是量子比特，但这里的计算仍然沿用传统方法，计算机需要进行 4 次乘法运算，才能得到 4 次结算结果。可如果我们以 3 个量子比特的所有 4 种状态的量子叠加态为起点，我们就能用简单的一步获得所有 4 个答案的叠加态：

{↑↑↑, ↑↑↓, ↑↓↑, ↑↓↓} 的叠加态 ×2 成为 {↑↑↑, ↑↓↑, ↓↑↑, ↓↓↑} 的叠加态。

在为我们的成功感到高兴前必须记住，量子叠加并非一种能被我们直接观测到的现象，我们又必须看看能否从叠加态中获得想要的答案。可问题在于，在任何一个实验中我们只能测量一种自旋。

我们知道，假设一个量子比特的自旋向右，那么测量它的上下自旋只会得出随机的向上或向下的答案，同时也会让之前获得的与向左或向右自旋有关的信息变得无用。这也就意味着，尽管我们可以测量所有4个粒子的上下自旋，但我们只会得到一个输出数值，也就是说，只显示一个计算结果，而且具体是哪一个也是随机且不可预测的。这么说来，量子计算机究竟有什么意义呢？答案就是，有时我们感兴趣的答案比需要处理的数据短得多，也就是其中含有的比特数量少得多。例如，我们想要在电话本里寻找一个号码，需要检索的数据是整个电话本，但输出却只是一个电话号码。用电脑的搜索引擎查找一个网页时也是如此。如果使用量子计算解决这些问题，我们希望量子计算可以一次性检索完整个电话本，再呈现出可以通过测量验证的结果。科学界已经形成了进行上述搜索的理论流程。

还有一种得到大量关注的计算案例，就是将一个数字分解为因数。例如，数15等于5乘以3。任何人都能进行5×3=15的运算。如果被问到哪两个数相乘能得到15，即便你不知道答案，也能很快算出结果。可如果被人问到哪两个数相乘等于3 071，你大概需要尝试多种组合后才能得出正确答案，也就是37×83。如果我让你找出30 406 333的因数，那么在得出4 219×7 207这个答案前，你可能需要拿着计算器算上很长时间。计算机上运行的一个简单程序大约需要1分钟，就能算出一个20位数的质因数。随着数位变长，计算时间会急速增加，据估计，目前人类拥有的功能最强大的传统计算机需要几百万年时间才能分解一个 100 位的数。可任何时候，只需要一个简单的乘法，我们就能迅速验证分解出的质因数是否正确。[①]

事实证明，这样的问题尤其适合用量子计算机解决。具体的运算过程非常复杂，技术细节也非常烦琐，但本质上，量子计算机可以同时测试大量处于叠加态的可能结果。由于我们只想知道正确的结果，对其他结果不感兴趣，所以我们只需要在最终叠加态的信息总量中提取很小一部分，而且有可能通过一次测量就能实现这个目的。人们对能在短时间内解决与大数字有关问题的计算机有着相当大的需求，其中一个原因还是与加密有关，而这涉及一个叫作"公开密钥加密"（public key cryptography）的技术。使用这一技术，接收者（鲍勃）可以公开向发送者（爱丽丝）发送一个数，这个数等于两个质数相乘后得出的积，具体的质数只有鲍勃知道。爱丽丝按照一个已知流程使用这个数为信息加密，再将加密信息公开发送给鲍勃。

这种加密流程的关键在于，爱丽丝只需要知道一个数就能为信息加密，而只有知道质数的人才能破解信息，而鲍勃就是这个人。因此，这里使用的密钥就会很长，使得普通人难以确定它的质数，这样的密钥一般有几百位，而传统计算机不可能在 100 万年以内算出答案。可如果偷听者能够使用量子计算机，那么他们只需要几分钟，甚至更短时间就能完成同样的计算。因此，量子力学也能成为强大的

---

① 需要注意，这里的讨论仅限于含有两个因数的数，且这两个因数都是质数。因此我们排除了类似 105=5×3×7 的情况。

密码破译工具。这很有可能迫使发送信息的人放弃公开密钥，转而使用专用密钥加密。这种情况下，爱丽丝和鲍勃都知道密钥，他们要保护密钥不被任何人窃听。有点儿讽刺的是，正如我们在前面提到的那样，量子力学原理也可以为专用密钥的交换创造安全的途径。

那么，为什么量子计算机到现在仍然是一个难以实现的美梦，而没有成为日常工具呢？这个领域发展的主要障碍在于，当一个系统拥有超过一个或两个量子比特时，形成叠加态的难度很大。这些困难与"量子退相干"（decoherence）现象有关，即进行测量会导致叠加态的很多信息丢失。我们会在下一章里继续讨论究竟什么是量子测量这一具有争议性的问题，读者现在需要注意的是，当我们测量一个量子系统的状态时，或者当一个粒子与周围环境发生相互作用时，都会出现量子退相干现象。想在很长一段时间里保持叠加态，我们就必须保护量子系统不受周围环境干扰，而涉及的量子比特越多，不受干扰的难度就越大。

直到今天[1]，科学家已经可以在最多含有 7 个量子比特的系统中避免退相干现象，而且我们已经可以用这样的系统证明 15=5×3！然而，想要制造出可以容纳 100 个左右的量子比特的机器，我们还有很长的路要走，因为只有这么多的量子比特才能代表足够大的数，才能在加密时起到作用。

---

[1]　此处指 2006 年。截至 2022 年 11 月，已有可以容纳 127 个量子比特的机器。

章后小结

在这一章里，我们探讨了如何将量子力学原理应用到信息处理环节。本章的要点如下：

- 在计算机系统中，数由一系列二进制位串表示，这些二进制位的数值为 1 或 0。在量子力学视角下，信息表现为量子比特这种量子物质。

- 一个量子比特是一个量子系统，可以存在于两种状态中的一种，也可能处于两种状态的叠加态。带有自旋的粒子就是一种量子比特。

- 密码是一种偷听者无法理解的加密信息。使用密码可能涉及密钥，发送者和接收者必须都知道密钥是什么。

- 量子比特可用于确保密钥交换的安全。每一个量子比特会随机地上／下或左／右自旋。信息发送和接收双方能够意识到偷听者的存在，因为偷听者的行动会不可避免地改变至少一部分量子比特的量子态。

- 由于量子比特可以处于 1 和 0 的叠加态，原则上，人们可以利用量子比特同时进行运算的叠加，但观察者并不能看到所有结果。

- 如果能按照上述原理制造出量子计算机，那么这个计算机可以进行多种工作，比如找到一个大数字的质因数，而且它的运算速度比传统计算机快得多。

- 现实中制造量子计算机的难度非常大。

QUANTUM PHYSICS

第 8 章

量子力学应用中的
延伸概念及难题

我们以波粒二象性为敲门砖，进入量子力学的世界。传统上被视为波状运动的光，有时也会表现得像一束粒子。而一些被看作粒子的物体，比如电子，也会带有波的属性。在前面的章节里，我们一直避免深入讨论这些概念，而是将重点放在用这些概念解释类似原子、原子核、固体等的运动模式上。在这一章里，我们将重返量子力学的原则问题，重新面对这一研究领域遇到的概念性问题。读者需要注意：这是一个争议性较大的领域，存在多种观点，因此，我们的讨论会更偏重哲学性，物理性较弱。

我们需要了解"哥本哈根诠释"（Copenhagen interpretation），这是物理学界的一种传统观点，此外，我们还在本章末尾讨论了其他一些观点。为方便讨论，我会介绍光具有的另一种性质，也就是"偏振"（polarization），在此基础上，读者可以理解一个相对简单的模型，这个模型足以解释清楚量子力学中的大多数问题。想知道什么是偏振，我们需要回到第 2 章提到的光作为电磁波的经典模型上。电磁波是一种磁场在空间和时间中会发生周期性改变的波。帮助我们理解偏振的关键点在于，这个磁场在空间中会指向一个方向，如图 8-1 所示。磁场方向为水平的波就是"水平偏振"，用 H 表示，而磁场方向为垂直的波就是"垂直偏振"，用 V 表示。这些方向本身并无特别之处，波可以朝二者之间的任何方向偏振，比如与水平方向成 45° 角的方向。我们在日常生活中遇到的大部分光，比如日光、钨丝灯或荧光灯发出的光的偏振并不明显，因为这些光的偏振始终在改变。为了制造一束发生偏振的光，我们需要让光穿过一个起偏器（polarizer）。

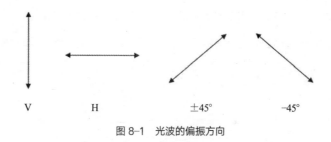

| V | H | ±45° | −45° |

图 8-1　光波的偏振方向

注：向我们射来的光波，其磁场既有可能是垂直方向，也有可能是水平方向，或者朝任何中间角度振动。但其振动方向永远垂直于光束的运动方向。

太阳镜上使用的偏振材料就是一种起偏器，当随机偏振的光线穿过这种材料时，其中一半光线被吸收，另一半光线穿透镜片后将会具有确定的偏振方向，具体则由镜片的偏振化方向确定。光线的强度因此减半，可因为所有颜色的光得到了平等的对待，所以色彩平衡并没有发生改变，这就是偏振材料适合做太阳镜的原因。还有一种较少见的偏振材料是方解石晶体，未偏振的光线穿过这种物质时会被分成两束，其中一束光线偏折后与晶体确定的某个方向平行，另一束则与这个方向垂直。太阳镜中的偏振材料会导致一半的光线损失，而这种晶体则不同，穿过它的所有光都会进入两束光线之一。需要注意的是，方解石晶体和过滤器不同，后者只会让少量已经有着正确偏振方向的光线穿过，而方解石晶体会将光线分成或分解为两部分，这两部分的偏振方向互相垂直，两束光的总强度等于入射光线的强度，且不管最初的偏振如何，光不会出现任何损失。具体运行方式与我们要说明的问题无关，我们只需要把方解石晶体这样的起偏器想象成一个方框。一束光从方框的一边进入后，在方框的另一边以两束光线的形式出现，这两束光线的偏振方向互相垂直，详见图 8-2。

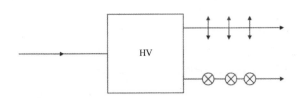

图 8-2　起偏器对光的偏振作用

注：讨论偏振时，我们用一个方框代表起偏器，方框中的字母表示偏振轴的方向，"H"为水平方向，"V"为垂直方向。按照前面的叙述，方框将入射光分解为两束分别向垂直方向和水平方向偏振的光。

偏振是电磁波的物理性质，可它与光的粒子模型有关吗？我们可以用一束极弱的光穿过图 8-2 那样的起偏器来进行验证：我们会发现，光子，即第 2 章提到的光粒子，会随机出现在两个输出通道，分别对应水平偏振和垂直偏振。为了确认光子确实能够偏振，我们可以分别让两束光穿过其他用来测量偏振的起偏器。所有从第一个起偏器的 H 通道中出现的光子会从第二个起偏器的 H 通道出现，对于 V 通道而言同样如此。我们可以对光子的偏振做出操作性的定义：无论这个性质究竟为何，我们可以说，水平偏振或者垂直偏振的光子，就是那些分别从起偏器的 H 通道和 V 通道中出现的光子。因此，偏振光子的性质与我们在第 7 章里讨论的自旋电子的性质相似，所以偏振光子也是一种量子比特。

现在，假设光子既不水平偏振也不垂直偏振，而是以与水平方向成 45° 角的方向偏振，如图 8-3 所示，射入一个 HV 起偏器。我们在进行这样的实验时会发现，一半光子会随机从 H 通道出现，另一半则随机从 V 通道出现，随后，它们就会分别表现出水平或垂直偏振的状态。这个实验对量子力学的一些重要的基础概念做了说明。目前看来，这个实验是一个完全随机的过程，因为任何光子进入哪个通道是完全无法预测的，这也是光子偏振诠释的第一个基本原则。这就与抛硬币这样显而易见的随机性存在区别，因为抛硬币时，如果仔细测量了硬币旋转时作用在它上面的力，我们实际上可以提前计算出硬币落地时在上面的是哪一面。接近起偏器的所有光子都一模一样，都有着 +45° 角偏振，这些光子随机出现在 H 通道和 V 通道，反映的是自然界具有基础意义的随机性，或者说缺乏因果关系的特征。正如我们在第 1 章里提到的那样，在量子力学出现前，人们普遍认为，类似牛顿定律那样严格的因果关系定律决定了一切，因此所有运动都是已知力的结果，比如前面提到的抛硬币。但在量子世界中，这个定律不再适用，随机性和不可预测性才是自然界的基本性质。

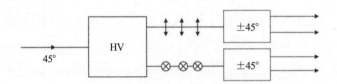

图 8-3　45°角的偏振光子穿过 HV 起偏器的实验

注：45°角的偏振光子射入一个 HV 起偏器后，重新出现时会呈现出水平或垂直的偏振。这些光子随后再次穿过一个 ±45°角的起偏器，每个光子会随机出现在两个通道上。因此，它们看起来仿佛丢失了与最初偏振有关的任何记忆。我们可以得出结论，总的来说，偏振测量会改变被测光子的偏振状态。

　　光子偏振诠释的第二个基本原则是，测量行为会影响并改变被测对象的状态。也就是说，一个以 45° 角进入 HV 起偏器的光子，离开起偏器的偏振状态都会变为 H 或 V。这个过程不可避免的结果就是，光子最初的 45° 偏振状态被摧毁了，因为关于它是 +45° 角还是 −45° 角的信息已经丢失了。我们可以让 V 偏振的光子穿过另一个 ±45° 的起偏器，重新测量其 ±45° 偏振，以此来证明上述观点，这时我们会发现，如图 8-3 所示，光子会随机出现在 +45° 角或 −45° 角的通道上。我们在第 7 章讨论粒子自旋时也提出过相同的观点（见图 7-1）。

光子偏振的第三个基本原则是，尽管个体事件会随机发生，但发生的概率却是可以计算出来的。也就是说，大量光子通过后，我们可以预测每个通道分别会出现多少光子。在 45° 角光子穿过 HV 起偏器的实验中，因为对称，我们认为分别有 50% 的光子从两个通道出现。可如果将入射光束的偏振慢慢旋转到更接近水平的方向，那么光子出现在 H 通道的可能性就会不断提高，直到偏振变为水平时，所有光子都会出现在 H 通道。参见图 8-4，我们看到任何方向的偏振都可以看作 H 偏振粒子和 V 偏振粒子的总和，或者说叠加态（详见第 7 章）。检测到 H 或 V 光子的概率与相关分量的平方成正比。

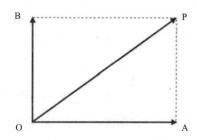

图 8-4 光束中检测到 H 或 V 光子的概率与光束强度的关系

注：沿着 OP 方向的振动可以看作沿 OA 和 OB 方向振动的叠加态。如果电场振幅为 OP 的光（强度为 OP^2）穿过轴线方向为 OA 的方解石晶体，那么光中的水平及垂直偏振粒子的振幅就分别等于 OA 和 OB，对应的强度为 OA^2 和 OB^2。也就是说，在光束中检测到 H 或 V 光子的概率，与光束强度的平方成正比。

个体结果的随机性、测量活动改变状态以及计算概率的能力这三个基本原则是解读传统量子力学原理的根基。了解这些原则与我们在前面讨论的量子力学的基本概念之间的联系，是一件很有意思的事。让我们回忆一下波粒二象性原理，我在第 2 章说过，在观察前我们不可能知道一个粒子所在的具体位置，但我们可以通过波在某个位置上的强度计算出在那里找到粒子的概率。因此在双缝实验中，如果要观察一个干扰图样，我们并不知道粒子会具体从哪道缝隙穿过，但是，我们认为在任意一道缝隙里发现粒子的概率是相等的。此外，当有粒子穿过这些缝隙时，我们会发现它们是随机穿过其中的一道缝隙，而且穿过每道缝隙的粒子数量基本相等。可如果记录下哪个粒子分别穿过哪道缝隙，我们就会破坏干扰图样，因为测量粒子的行为会改变量子系统的状态。

这样的思维方式有可能带来更为激进的结果。在想象一个 45°角偏振的光子的状态时，我们可能会问："这个光子是水平偏振还是垂直偏振？"但这显然是一个毫无意义的问题：这个光子的偏振方向既不是纵向，也不是横向，而是指向了一个角度的方向。如果说这个光子的偏振方向部分为上下、部分为左右，也就是处于 H 和 V 的叠加态，这种说法可能还有些道理，但这个光子的偏振方向明显既不是上下，也不是左右。因此这是一个毫无意义的问题，就像问一个香蕉究竟是苹果还是橙子一样。所以当我们提到测量一个 45° 角光子的 HV 偏振时，这里的"测量"和日常的测量具有不一样的内涵。比方说，测量一根线的长度时，我们在拿出尺子前当然会认定这根线的长度具有一定数值。总的来说，量子测量与一般的测量有着很大的区别。我们在前面提到，测量行为改变了物理系统的状态，使得我们无法定义该系统在前一种环境下的数量。现在，我们再去思考这种思维方式在测量粒子位置时的影响。大多数人会觉得，即便看不到，但一个粒子总是处于某个位置，但在量子语境下却并非如此：如果一个粒子处于位置不明的状态，那么思考它是否拥有位置，就像把一个 45° 角偏振的粒子归入 H 偏振或 V 偏振一样毫无意义。一个干扰图样形成后，再说一个粒子穿过双缝实验中的哪道缝隙也会毫无意义。与此类似，电子位于原子中某个点的说法也是错误的。然而，就像 45° 角偏振可以看作 H 和 V 的叠加态一样，我们也可以把波函数看作粒子可能位置的叠加态，而波函数在不同点的大小构成了这个叠加态。因此，穿过尺寸相等的缝隙的粒子就处于叠加态，且每道缝隙做出的贡献相等，例如，氢原子中的电子的叠加态，主要贡献来自以原子核为中心的半径为 10^{-10} 米的球形区域。

20 世纪二三十年代，尼尔斯·玻尔（Niels Bohr）和其他在丹麦工作的科学家奠定了上述思维方式的基础，因此这一套理论被称为量子力学的"哥本哈根诠释"。这套理论的观点遭到了爱因斯坦等人的大力批评，而且我们在本章后面会看到，直到今天仍然有人在批评这种观点。然而，哥本哈根诠释依旧是被绝大多数应用物理学家支持的正统解释。我们也会深入讨论这种观点，并且对一些人所认为的这种观点具有的缺陷进行解释，并进一步探讨其他的观点。玻尔理论的基础是实证主义[1]，我们可以用哲学家维特根斯坦（Wittgen-

---

[1] 不过需要注意的是，玻尔的观点与同时代的实证主义哲学的发展之间并无联系。

stein）的一句话概括："对无法言说之物，我们应保持沉默。"在这里，我们可以把这句话解读为：如果某个事物不可观测，比如 H 偏振和 V 偏振同时存在，以及光子的 ±45° 偏振，我们就不应该认为这个事物真实存在。在某些哲学语境下，这只是一个选择问题，只要愿意，我们甚至可以想象天使在针尖跳舞的样子。但至少从哥本哈根诠释的观点而言，观测在量子力学中是一个必然性问题。对于任何熟悉经典物理学的人来说，这种思维方式显然与他们的直觉背道而驰，就像我们很难相信一个物体不总是处于"某个地方"。

在了解了波粒二象性原理后，我们就做好了接受这种观点的准备，甚至还会说出"观测不到一个粒子时，它实际上是波"这样的话。可这种表述还是将现实归结到了无法观测的事物上。我们在第 2 章讲过，只有对大量粒子进行实验时，粒子才会表现出波的属性。当电视机探测到电磁波时，或者我们进行干涉实验、观察很多光子到达屏幕上时，都属于这种情况，即便这些光子可能只是一次一个穿过设备。可当我们在考虑个别粒子时，说它真的是波，那我们实际上是又一次将无法观测的事物认定为真实存在。我们不该把波函数看作物质波，波函数是一种数学模型，我们只是用这个数学模型去预测实验结果出现的概率。

哲学家一般将一个物体的属性称为特性，常见的经典物体的特性包括一些恒定的数值，比如质量、电荷和体积。还有如位置和速度这样的数值，它们有可能随粒子的运动而发生变化。在哥本哈根诠释中，一个物体具有的特性与它被观测的环境有关。因此，如果我们看到一个光子通过 HV 起偏器后出现在 H 通道，我们就会认为它具有水平偏振的特性。如果这个光子又通过一个 ±45° 角的起偏器，它就会失去上述特性，获得 +45° 角或 -45° 角偏振的特性。也许在我们看来，"位置这样的特性只有有限的用处"的说法有点儿让人难以接受，但量子力学就是要迫使我们接受这种违反直觉的思维方式。

通过思考一个科学理论的意义与目的，我们可以对这些理论做进一步延伸。这和地图很像，我们在来到一个陌生的城市时，都会查地图。尽管地图比它所显示的现实区域小得多，但地图的目标就是真实地反映那个区域的地形，地图上对街道和建筑的描述与现实完全一致。显然，地图与其描绘的地形不是一回事，而且存在重大的区别。比方说，地图的尺寸与现实世界不同，而且地图由纸和墨水构成，而不是现实中的泥土和石头。

科学理论也会为现实设计模型。让我们暂时把量子力学放在一边，经典物理学总是想办法为物理世界绘制"地图"。我们可以用一个物体举个简单的例子，比如松开手中握着的一个苹果，在重力的作用下让它下落：最初，静止的苹果被松开，开始加速，直到抵达地面后停止运动。在这个运动过程中的每个阶段，我们在地图中用数学变量的形式标注了与物体相关的所有性质，比如时间、高度和速度。想要画出一幅物体运动的地图，我们就需要进行一些数学运算。可在现实中，即便这个苹果连最简单的数学计算都不会，它也能按照预测的时间落在地上！科学的目的，就是尽可能构建最详细、最真实的物理现实地图。绘制一幅反映现实的地图可能需要大量数学运算，但地图并不是现实。我们也需要谨慎地选择一幅能够真正反映我们需要应对的物理状态的地图。因此，理解苹果在重力的作用下下落的运动状态时，按照麦克斯韦电磁理论绘制出的地图就不会带来多少帮助。即便选择了一幅按照牛顿定律绘制出来的地图，我们仍需要使用合适的参数，例如，除非苹果处于真空中，否则我们还需要考虑空气阻力的影响。

回到量子力学，我们必须接受一个现实，那就是量子力学世界无法用一幅地图描绘出来。更准确地说，量子理论为我们提供了多份地图，具体使用哪份地图，要根据实验背景，甚至实验结果而定，还有可能因为系统随时间的变化而做出改变。沿用前面的类比，我们可以说，量子力学让我们拥有了一本地图册，面对具体问题时，我们需要找到合适的那一幅地图才行。回到图 8-3 所示的 45° 角偏振光子穿过 HV 起偏器的例子上，在光子抵达起偏器前，适用的应当是一幅 +45° 角偏振的光子从左向右运动的地图；当光子从起偏器另一端出现时，适用的就是光子水平偏振或垂直偏振的地图；最终探测到光子时，唯一描述真实结果的地图才是适用于当时的地图。

测量问题

前面的观点看起来可能让人难以接受，可如果选择了合适的理论和地图册，我们就能准确地计算出测量结果，比如：氢原子的能级、半导体的导电性能、量子计算机的计算结果等。但上述结论隐含的一个前提是，我们知道"测量"到底是什么意思。事实证明，这才是解读量子力学理论时遇到的难度最大、最有争议的问题。

以图 8-5 为例。和前面的案例一样，一个 45° 角偏振的光子穿过一个 HV 起偏器。但我们不去探测光子，而是将两条通道合在一起，使其可以产生像双缝实验那样的干扰。和双缝实验一样，我们不知道光子会从哪条通道出现，所以也不能定义光子的性质。结果就是，45° 角偏振被额外的 H 偏振和 V 偏振重塑，就像图 8-5 显示的那样，让光子穿过另一个 ±45° 角的起偏器，观察到所有光子从 +45° 角通道出现，这个结果再次证明了前面的观点。可如果在其中一条通道和两个起偏器之间放上探测器，我们要么探测到光子，要么探测不到，这样我们就能知道光子的偏振究竟是 H 还是 V。事实证明，如果这么做，我们在实践中就有可能重构初始状态，穿过起偏器的光子偏振要么是 H，要么是 V。我们由此得出结论，探测行为是测量过程不可或缺的组成部分，同时也会使光子偏振变成 H 或 V 状态。这个结论与前面提到的实证主义相一致，因为在缺少探测行为时，我们无法知道光子的偏振状态是什么，所以不能认为光子具有偏振。这样一来，我们似乎可以以实验时是否有探测器为标准，来区分量子力学和经典物理学。

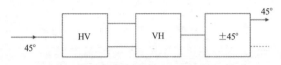

图 8-5　起偏器使光子偏振状态发生改变

注：被 HV 起偏器分成两部分的光，可以在通过另一个方向相反的起偏器（标为 VH）后重新合在一起。如果仔细地设置晶体，让通过起偏器的两条通道完全一致，那么从右边出现的光就会与从左边入射的光拥有相同的偏振。这种情况也适用于单个光子，人们似乎难以接受测量行为会改变光子偏振状态的说法（详见图 2-7）。

　　而这自然引来了新的问题：探测器究竟有什么特别之处？为什么我们不能像对待量子物体那样对待探测器？假设探测器服从量子力学定律，为了保持前后一致，我们必须认为探测器不具有探测到或者未探测到光子的性质，直到其状态被另一个设备记录下来，例如，在探测器输出端的摄像机。可如果把摄像机也看作一个量子物体，我们又遇到了同样的问题。我们不得不在某一刻对量子力学和经典物理学做出明确的区分，放弃用一套基础理论对两者都做出解释的希望。这个僵局是一个广为人知的量子力学应用或者说误用案例的理论基础，被称为"薛定谔的猫"。作为量子力学领域的先驱，薛定谔提出了以下观点，我们也在图 8-5 里引用了他提出的方程：一个 45° 角偏振的光子穿过一个 HV 起偏器，与一个探测器相互作用，可这个探测器现在和一把枪（或者其他致命设备）连在一起，当探测器检测到光子时，猫就会被杀死。然后我们可以说，如果光子未能确定具有 HV 偏振的特性，那么就不能用探测器进行特性探测，进而得出不能确定猫的生死状态。猫既不是活着，也没有死亡，而是同时处于活着和死亡的状态!

前面描述的量子测量问题，是量子力学概念中的难题，也是争议的核心问题。探测器和猫与偏振光子似乎是完全不同的物体，遵循不同的物理定律。前一种处于明确状态（可以确定是否探测到了粒子，猫是生还是死），而后一种物质则处于叠加态，直到它被带有前一种固定属性的物质所测量。看来我们想用单一理论解释所有现象的梦想不可能实现了，量子物体与传统物体的区别，似乎不只是在程度上，两者在种类上本身就是不同的。

我们可以由此得出结论，探测器等测量设备和类似光子或电子这样的量子物质之间在本质上存在真实而巨大的区别。这种区别在现实中表现得似乎更明显：测量设备非常大，由大量粒子组成，和电子完全不同! 可我们很难从原则上对这种区别做出客观的定义，一个物体要大到什么程度才是经典物体? 一个含有两个氢原子和一个氧原子、拥有 10 个电子的水分子算经典物体吗? 一块包含数百万个原子的污渍是什么? 有人认为，适用于由大量粒子构成的物体的量子力学定律与适用于微观世界的量子力学定律有着本质的区别。

但从哲学角度出发，只用一套理论显然比用不同理论解释量子力学和经典物理学更有吸引力。物理世界是否存在统一的基本理论，小到可以用于解释单个粒子或少量粒子的量子力学问题，大到可以说明日常可见的经典物理学问题？物理学家曾在相对论的发展过程中遇到过类似情况。根据相对论，当物体的运动速度接近光速时，将会遵循不同于牛顿定律的其他定律，而事实上，这个新定律适用于所有物体。即便物体的运动速度缓慢，它也会受制于相对论规则，只不过低速状态下，相对论效应非常小，不引人注目而已。这个道理可能也适用于现在的情况，在这里，与速度对应的就是一个物体中基本粒子的数量。

为了测试以上假设，我们可以用干涉实验的方式证明大型物体是否也具有波属性，如果大尺寸状态下的量子力学定律与微观世界不同，我们就无法探测到干扰。到目前为止，科学家在用类似于杨氏干涉设备进行的双缝实验中探测到具有波属性的最大物质，是"富勒烯"（buckminster fullerene）分子，这种分子由 60 个碳原子以球形结构组成。但这个结果并不意味着更大的物体不具有波属性，只是说明目前还没有设计出能证明它们具有波属性的实验设备。随着物体尺寸变大，现实中进行这种实验的难度就会急速增加，但在至今做过的所有实验中，科学家都按照预期，观察到了量子性质。

现在，我们再用哥本哈根诠释解决这个问题。读者可以思考尼尔斯·玻尔说过的一段话：

每一个原子现象都是封闭的，因为对它的观察均以适当的放大设备获得的实验记录为基础，且这种设备具有不可逆转的性质，就像电子进入感光乳剂后在照相底片上留下的永久标记。

我们可以就此得出结论，认为玻尔满足于在量子系统和经典系统间做出明确的区分。我们在前面看到，出于现实原因，做出这样的区分并不困难，而且能够持续稳定地做出区分，也是量子力学到目前为止能够取得巨大成功的根本原因之一。但哥本哈根诠释并未停在这里，而是更进一步，否认了除经典设备中发生的改变以外的所有现实：只有猫的生或死，或者"照片底片上的永久记号"才是真实的。光子的偏振状态只是一种根据观察推断出的理想化概念，并不存在多少现实意义。从这种观点出发，量子力学的作用只是对实验结果进行统计预测，我们不该认为依据量子系统的本质而获得的结论具有任何真实的价值。

并不是所有物理学家和哲学家都认同实证主义，人们也付出了大量努力，希望找到能够克服上述问题的其他解释方法。每种观点都有追随者，但没有一种能获得足够多的支持，从而取代哥本哈根诠释成为整个科学界的共识。我们在下面简单解释了其中几种观点。

其他解释

主观主义

关于量子测量问题的一种解释，就是后退到"主观唯心主义"（subjective idealism）。按照这种观点，我们只需要接受量子力学理论不可能为物理现实提供客观解释的事实，我们知道的唯一真实的事物，就是个人的主观经验：不管计数器有没有被激活，不论猫是生还是死，当信息通过我的神经抵达我的大脑时，我就一定知道现实中发生了什么。量子力学原理也许适用于光子、计数器或者猫，但不适用于你和我！当然，我也不知道你的思想状态是不是真实的，所以我有可能陷入"唯我主义"（solipsism）。在唯我主义中，只有我和我的思维才是真实的。哲学家长久以来一直在争论能否证明外部物质世界的存在，但科学的目的并非回答这种问题，而是持续稳定地记录存在着的客观世界。如果量子力学最终摧毁了上述科学使命，那就太讽刺了。大多数人宁愿寻找其他解释方法。

隐变量

有一种反对波尔的实证主义从而支持实在论（realism，一些不支持这种观点的人称之为朴素实在论）的解释，建立在"隐变量"（hidden variadles）这一概念的基础上。这种观点认为，即便观察不到，量子物质也含有一些特性。这类理论中最知名的就是"德布罗意－玻姆理论"（DBB），该理论的名称源于第一个提出物质波的路易·德布罗意和在 20 世纪五六十年代发展并延伸了相关概念的戴维·玻姆（David Bohm）。按照德布罗意－玻姆理论，任何时候一个粒子的位置和波属性都是真实存在的。波的运动遵循量子力学定律，而粒子的运动则同时受到波和经典作用力的影响。一个粒子的运动轨迹完全可以得到确定，任何阶段都不存在不确定性。因此，不同粒子会抵达不同位置，具体情况由粒子的起点确定，而这个理论能够确保到达不同位置的粒子数量与量子力学理论预测的概率保持一致。例如，在双缝实验中，按照德布罗意－玻姆理论，波由缝隙的形状、大小和位置决定，而粒子受到波的影响，所以大部分粒子会分布在干扰图样密度最高的区域，没有一个粒子会出现在波为 0 的地方。

我们在前面注意到，在经典物理学的语境下，从确定性系统中得出明确的随机统计结果，这种情况并不少见。例如，如果抛出一大把硬币，即便每一个硬币的运动受作用力影响，且最初的旋转速度在抛硬币时就已决定，我们仍会在硬币落地时发现大约有一半硬币是头像那面朝上，另一半硬币是数字那面朝上。与此类似，即便每个原子的运动和原子间的碰撞受经典力学原理控制，我们也可以用统计学方法分析气体中的原子运动。

因此，德布罗意－玻姆理论就在不背负实证主义包袱的情况下，再现了传统量子力学理论的所有结果。读者可能会问，为什么这个理论没有为大众所接受呢？ 19 世纪时，当人们可以利用原子运动的统计数据预测气体的性质时，人们将这一事实看作原子真实存在的强有力的证据。而一些科学家，尤其是恩斯特·马赫（Ernst Mach），不认为这些证据足以证明原子的存在。直到爱因斯坦在 1905 年证明原子运动导致的布朗运动现象后，这个问题才得到解决。那么在量子力学的问题上，我们为什么不赞成实在论方法呢？原因之一在于，当我们从更细微的角度考察德布罗意－玻姆理论的影响时，就会遇到新的问题。其中一部分纯粹为技术性分析，但有很多像质量和电荷这些通常被看作粒子性质的特性，在德布罗意－玻姆理论中却与波属性相关：粒子确实带有位置属性，可这种属性即便不能说没有，也极其微弱。

反对德布罗意－玻姆理论的主要观点，被称为"非局域性理论"（non-local）。想理解这个理论，我们需要思考含有超过一个粒子的物理系统具有的性质。粒子彼此间会施加作用力（比如电力或引力），但这些作用力受制于相对论的一个重要限制，即粒子间没有任何作用力的速度大于光速。因此，如果一个粒子改变位置，只有经过一小段时间后才会对其他粒子造成影响，也就是说，至少要经过光通过粒子间距离所需的时间后才会相互作用。可按照德布罗意－玻姆的量子理论，波对粒子产生的影响力不受上述限制，很多时候，只有在假设一个粒子被同一时间在另一个位置上的波的属性影响，且这个粒子只在所处位置感受到波的影响时，量子预测才能再次进行。为了再现量子力学现象，德布罗意－玻姆理论不仅要假设类似粒子位置这样的隐藏特性的存在，还要认定它们不遵循由爱因斯坦发现的最基本的物理学原理。

我们可以进一步延伸这种观点，思考某种光源发出由数对光子组成的物理系统的行为。这样的光子对中，两个光子的偏振方向彼此垂直。也就是说，如果测量光子的偏振，我们会发现其中一个光子和之前一样，为随机的 H 偏振或 V 偏振；而同一个光子对中的另一个光子总是 V 偏振或 H 偏振，具体可见图 8-6。也许这个结果不会让我们意外，但实际上我们应该感到意外。还记得测量偏振时会发生什么吗？无论前一次偏振方向是什么（除非恰好是 H 或者 V），光子都会随机从 H 通道或 V 通道出现。我们由此得出结论，测量行为会改变光子的偏振状态。可如果像现在的例子一样，两个光子的偏振方向永远互相垂直，那么每个光子都"知道"对方发生了什么，那结果怎么会是随机的？如果将起偏器调整为测量 ±45° 角偏振，测量出的结果只会进一步证实前面的观点，只要右边的光子为 +45° 角偏振，那么左边的光子就是 –45° 角偏振，反之亦然。穿过起偏器的光子似乎知道测量内容，也知道测量结果。

图 8-6 一个光子对中两个光子的偏振方向垂直

注：有些情况下，原子可以快速连续地发射光子对。每对光子对中的两个光子以相反的方向远离发射源。按照图中所示，光源位于正中间。右边的设备测量其中一个光子的 HV 偏振，左边的设备测量另一个光子的偏振。只要右边的设备记录下水平偏振，左边的设备的测量结果就是垂直偏振；反之亦然。

解决这个问题的方法之一，就是修正我们对偏振测量的态度：如果测量结果并非完全随机，而是由某些隐藏变量决定，那么两个光子的测量结果均提前被决定，毫无疑问我们就能保证两个光子偏振方向永远互相垂直的测量结果。那么这个实验就会变得更像一个经典物理学实验，一个人（爱丽丝）随机得到了一个黑球或白球，另一个人（鲍勃）总是得到与爱丽丝颜色相反的球。将爱丽丝与鲍勃分开，两人的球的颜色也得到了"测量"。每次测量的结果都是随机出现黑球或白球，但两个人的球的颜色永远相反。

爱因斯坦及其搭档① 在 1935 年进行的一个实验也对这个原则做出了解释，不过这个实验不涉及测量偏振。他们得出了以下结论：

> 在系统不受任何干扰的情况下，如果我们能确定地预测一个物理量的值（即概率等于 1），那就存在一个与这一物理量对应的物理现实元素。

他们所说的"现实元素"，指的是一个在测量行为发生前就能决定一个特性数值（比如偏振）的隐藏变量，因此这个变量让结果与不同的测量行为按照前面讨论的方式产生了关联。

20 世纪 60 年代，约翰·贝尔（John Bell）再次着手研究这个

---

① 分别是鲍里斯·波多尔斯基（Boris Podolski）和内森·罗森（Nathan Rosen）。

问题。他被隐变量的概念所吸引，因为他不认同认为量子系统"只有可测量的特性才真实"的传统观点。然而，贝尔在这一领域的主要贡献，却是提出了非局域性隐变量模型获得的结果可以与量子力学预测结果保持一致的观点。这里的非局域性隐变量模型，指的是排除光子间存在即时通信的任何模型，这就是贝尔定理（Bell's theorem），这个定理与前面讨论的设置两个起偏器测量不同偏振的一类实验有关。因此，我们可以在右边测量光子的 HV 偏振，在左边测量 ±45° 角偏振。尽管可以直接计算出不同量子的出现概率，但约翰·贝尔提出，任何局域性隐变量均无法带来这种结果，具体细节过于复杂，我们在这里不做讨论。达成这种结果的唯一可能，就是隐变量为非局域性的，也就是说，与一个光子相关的隐变量，必须知道与其他光子相关的隐变量发生了什么。此外，这样的通信必须即时完成，而不是以低于光速的速度传播，这就与前面提到的相对论产生了矛盾。

贝尔的理论引起了不少人的兴趣，一些科学家开始进行实验，验证究竟是量子力学理论对粒子对的预测正确，还是贝尔定理正确。过去 30 多年进行的所有实验全部支持量子力学理论，实验结果与任何以局域性隐变量为基础的理论都不符。

那么，传统量子力学理论又如何处理类似测量光子对偏振的情况呢？在爱因斯坦的论文发表后不久，玻尔就做出了回应。玻尔的回应中最核心的一句话是："从根本上说，这是一个探讨对某种状态有影响的作用力的问题，这个作用力会对与系统未来行为有关的预测做出界定。"让我们把这句话运用到双光子的情况下，玻尔的意思是，如果改变一个起偏器的方向，我们没有从物理上影响光子，只是改变了我们能够赋予系统的一些特性，比如偏振的容许值。回到地图册的类比上，我们必须翻到另一页，才能找到能够描述改变后状态的地图，这并不会给量子系统带来直接影响，只会改变我们用来描述这个系统的语言。这样的解释能否让人感到满意，很大程度上取决于我们自己的想法和偏见。玻尔的解释显然没能让爱因斯坦感到满意，他表示，玻尔的观点虽然在逻辑上能够自洽，但"与我的科学本能存在极大矛盾，使我无法放弃追求更全面设想的研究"。然而，迄今为止还没有出现一个能让科学界达成共识的"全面设想"。

多重世界

我们在前面了解到，按照量子力学原理，不仅被测量的光子会处于叠加态，连测量设备也会处于叠加态，这就导致出现了测量问题。因此在"薛定谔的猫"的案例中，我们就有了一只同时生存并死亡的猫。事实证明，避免出现这个问题的方法之一，就是忽视这个问题。抛开怀疑，让我们认真思考上述情况，究竟如何才能知道猫真的处于那种叠加态。我们之所以知道一个穿过双缝实验设备的粒子处于两道缝隙的叠加态，是因为我们创造并观察了干扰图样。可想在猫身上做同样的事，我们就必须把代表猫生存和死亡的所有电子与原子的波函数集合在一起，形成一个无比复杂的干扰图样。这在现实中是一个根本不可能完成的任务。我们可能觉得，想要证明猫处于生／死的叠加态，我们要做的就是观察，但现实并非如此。如果我们把自己看作量子世界的一部分，那么就会将我们自己置于能看到猫死了和看到猫活着的叠加态中。（前面讨论主观主义时我们提到了这一点，当时就抛弃了这种观点。）可不论在我们自己身上还是在猫身上进行干涉实验都无比困难，所以在现实中，我们不可能知道自己是否处于叠加态。详细的量子计算结果表明，处于叠加态其中一半的"我"，不可能意识到处于另一半的"我"。这意味着整个系统存在"分支"，而处于含有死猫分支上的观察者永远也不可能知道存在另一个能看到猫活着的观察者。

因此，解决测量问题，我们可以选择忽视它。可这么做又必须接受一个事实，那就是现实中存在包含我们自己和猫的副本的分支，而我们永远不可能观察到彼此。此外，分支不会止于观察者，而是会延伸到所有与系统或观察者互动的事物上。由此产生了"多重世界"或者"分支宇宙"的说法：一切都存在分支，而有没有猫、有没有人设置偏振测量设备并不是这一切发生的前提。物质世界无时无刻不在发生类似的进程，至今已经产生出数量多到难以想象的分支。愿意认真对待这种观点至少意味着不是所有科学家都是实证主义者！

多重世界理论的优点在于其现实主义精神，这种方法承认所有分支的存在，不局限于我们已经了解的分支，而且在解决测量问题的同时不需要为量子理论添加任何新内容。但是这种方法的缺点在于分支的数量过于庞大。正是因为这个原因，多重世界理论被描述成"设定薄弱，但世界观丰富"。不过多重世界理论还面临着另一个难题，那就是界定可能性。当一个 45° 角偏振的光子穿过 HV 起偏器时，我们知道它有 50% 的概率从 H 通道出现，这意味着还有 50% 的概率不会从这里出现。但这与多重世界环境下发生的情况不符。从逻辑学角度出发，概率是一种析取，即某事要么发生了，要么没发生；概率显然不能适用合取，即两种结果都存在。尽管多重世界理论的支持者提出了一些解决这一问题的办法，但这种理论仍然没有赢得科学界的认可。

章后小结

本章讨论了在理解量子力学理论过程中会遇到的一些概念及难题。本章的要点如下：

- 我们在讨论时用上了光子偏振的例子：光线穿过类似于方解石晶体一样的分析仪后会被分为两部分，两部分的方向与晶体确定的方向平行或垂直。

- 总的来说，尽管光子偏振测量的结果是无法预测的，但是我们可以计算出可能结果的相对概率。测量光子偏振的行为会导致之前获得的与偏振有关的信息作废。

- 按照哥本哈根诠释，无法观测到的性质不是现实，比如一个 +45° 角偏振光子的 HV 偏振状态是不具有真实性的。

- 当我们把叠加态原则应用到类似光子探测器、"薛定谔的猫"甚至我们自己时，就会出现测量问题：有些情况下，这些物体本身也会处于叠加态，导致其特性不具有真实性。

- 解决量子测量问题的其他方法，包括主观主义、隐变量和多重世界理论。

- 主观主义认为，只有当信息进入人的意识后，叠加态才会坍缩。

- 隐变量理论提出现实中存在一些未被观测到的变量。贝尔定理和相应的实验表明，只有当隐变量为非局域性的、与相对论原则矛盾时，隐变量理论才能成立。

- 多重世界理论接受任何程度、包括我们自己都存在叠加态的现实。按照这种理论，现实中存在大量平行宇宙，且这些平行宇宙彼此并不知道对方的存在。除了夸张的设定外，多重世界理论存在一个问题，即难以在一个什么事都会发生的环境中对"可能性"做出界定。

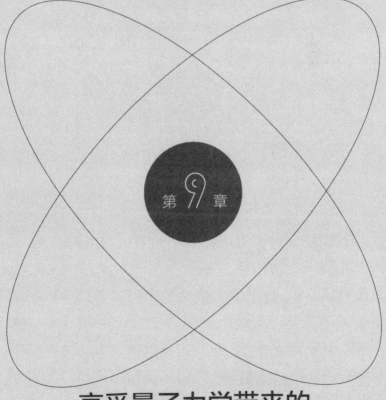

QUANTUM PHYSICS

第9章

享受量子力学带来的
智识挑战

我们完全可以把 20 世纪称作量子力学时代。从爱因斯坦发现光由能量固定的量子组成开始，历经 100 年，人类对量子力学的研究究竟走到了哪一步？未来又将去往何处？在这一章里，我们会将前几章的内容串联起来，置于历史背景中去思考，并对量子力学在 21 世纪的发展展开一些猜想。

早　年

爱因斯坦在 1905 年对光电效应做出了解释，但在那之后的大约 20 年里，量子力学的发展非常缓慢。可当波粒二象性原理和薛定谔方程得到建立后，科学界便立刻开始运用量子力学理论解释原子及其能级的构造（详见第 2 章）。不到 20 年，科学家就用量子力学原理解释了众多物理现象，比如固体的导电性能（详见第 4 章）和原子核的基本性质。20 世纪 30 年代末，人们开始了解核裂变（详见第 3 章），由此带来了 1945 年人类历史上的第一次核爆炸。那时，距离薛定谔第一次发表他的方程还不到 20 年时间。

1950 年至今

20 世纪后半段,人类对量子力学原理的理解和应用取得了爆发式增长。其中一个例子就是发现夸克(详见第 1 章),而夸克如今已经成为粒子物理学的标准模型之一。该发现源于类似电子和质子这样的基本粒子高能碰撞的实验结果,我们不仅需要量子力学原理,也需要相对论,才能解释质子和中子这些原子内部结构的问题。就像原子或原子核可以被激发至更高能量状态一样,基本粒子在高速状态下相撞也能产生相似的激发态。我们可以把这种碰撞的结果想象成原始粒子及其能量场的激发态,可由于能量变化很巨大,所以相对质量的改变可能是原始粒子质量的数倍。因此,我们可以把对这种状态的激发想成创造新的粒子,这些粒子会在极短时间里(通常为 10^{-12} 秒)恢复到初始状态。打造能够完成这种基础实验的机器所要付出的精力与成本,与建造航天器不相上下。

还有一个发展相对较平缓,但还是被很多人认为具有基础性意义的一个领域,就是对大块物质性质的研究。超导体的量子研究(详见第 6 章)是 20 世纪下半叶最激动人心的科学成就之一。很多固体的导电性能会在极低的温度下出现迅速和突然的改变。低温状态使固体中的电子形成了遍布于整个固体的连贯量子态,导致固体彻底失去阻断电流的能力。物质的超导性很稳定,只有当物质温度上升,或将物质置于足够强大的磁场中时才会被摧毁。我们知道,超导性已经在现实中有了不少技术应用,而且具有巨大的发展潜力。

在超导性被研究并投入使用期间，其他大型量子现象也纷纷出现，只不过公众对其的熟悉度不高，这可能与它们的应用潜力不那么明显有关。"量子霍尔效应"（Quantum Hall effect）就是其中一例，它与受强磁场影响并携带电流的半导体薄片的性质有关。在这种情况下，导体的电压强度由磁场决定，并被量子化，成为一组离散值中的一个。

20 世纪下半叶，量子力学在实践中的应用也取得了长足发展。可控核裂变（详见第 3 章）的发展促生了核能工业，如今，核能已经是一些国家的主要电力来源（法国的核能供电量超过了总供电量的 75%）。虽然核聚变的民用发展面临着更大挑战，但科研发展使得核聚变民用化有可能很快变为现实。20 世纪的最后 25 年里，半导体和计算机芯片（详见第 5 章）的发展为我们带来了信息技术革命。毫不夸张地说，和 200 年前的工业革命一样，信息技术革命同样为我们的生活带来了剧烈而重大的改变。因为硅的量子特性，我们才能进行高速计算、与地球另一端的人通信，还能通过互联网下载信息。此外，近年来对直接利用量子力学原理处理信息（详见第 7 章）的研究，也为发明速度更快、功能更强大的技术创造了无限可能。

量子力学还有一个才刚刚开始起步的应用领域，就是化学与生物。我们在第 3 章里提到了一些简单的例子，知道量子力学在原子间形成联系、构成分子时起到的重要作用。如今的化学家不断强化着自身对化学键量子力学原理的理解。而在化学中加强量子力学的研究，也帮助科学家发现并创造了大量分子，包括众多药物，以及可用来制造从普通厨房用具到特殊航天材料的塑料制品。

量子力学理论基础发展至今仍存在争议（详见第 8 章）。玻尔在 20 世纪二三十年代发展并完善了哥本哈根诠释，这套理论仍是大多数物理学家认可的正统理论。过去的 50 多年里，也有不少人投入大量精力，试图构建能够替代哥本哈根诠释的理论，其中最突出的就是隐变量理论和多重世界理论。不论是其支持者（比如约翰·贝尔）还是怀疑者进行的与隐变量有关的大量研究，最终得到的结果都是削弱、而非增强该理论的可信性。与此相对，读者可能感到意外的是，尽管多重世界理论听起来很夸张，但这却是在专业物理学家中第二受欢迎的理论。

未　来

从基础物理学角度出发，制造的机器越强大，科学家们研究高能粒子相撞的能力就越强。很多人预测粒子物理学的标准模型会因此瓦解，转而被其他能在这一层面让人们从全新角度理解物理世界本质的模型取代。科学家们在凝聚态物质领域对物质在极端温度和极端能量场中行为的研究仍在继续，未来有可能产生新的量子力学基础理论。

现实中没有水晶球，我们无法预测量子力学理论未来能得到怎样的应用。当然，未来几年，传统计算机的功能会不断增强，速度也会继续提高，永远不要小看硅这种元素的实力。科学界对超导体的研究还在继续，可除非出现室温状态下仍能保持超导性的可塑性材料，否则超导体就只能用于某些特殊用途。目前，人们将大量精力投入量子计算设备的研发上（详见第 7 章）。但这种研究能否在可预见的未来取得成功，目前仍未可知，想在这个领域放手一搏的人必须小心谨慎。

我们希望整个社会能尽早了解继续使用化石燃料的危险性，从而迫使开发更多的替代性能源。新一代核反应堆可能因此得到重视，绿色技术也会得到不断改善，其中包括以量子力学为基础的技术，比如光电技术（详见第 5 章）。因为形势过于严峻，我们最好放下不同方法的优劣之争，几乎可以肯定的是，如果我们想在未来 50 ~ 100 年里避免重大灾难，就必须尝试所有可能的方法。

我们似乎不太可能在不远的未来解决与量子力学相关的哲学问题（详见第 8 章）。在这一点上，量子力学似乎是自身所取得的成功的受害者。量子力学可以为大量物理现象做出合理的解释，而且迄今为止还没有失败过，这个事实表明，未来讨论的焦点应当是为量子力学寻找其他合理的解释，而不是寻找一套新的理论。至少到目前为止，那些从全新的角度观察量子现象，并且得出了与标准量子力学方法不同结果的新方法，都被证明是错误的。未来出现的新理论有可能打破这种范式，如果真的出现这样的新理论，那将会是自发明量子力学以来科学界最让人激动的根本性发展。科学家们有可能从研究黑洞的量子特性及导致宇宙诞生的大爆炸理论中取得突破。这个研究领域当然需要新的理论，但我们并不知道新的理论能否解决类似测量问题这样的基础性问题。在哲学上，关于量子力学的争论还会持续很长时间。

　　我希望，坚持读到这里的读者能够享受这段智慧之旅。我希望你们能够认同，量子力学不需要成为火箭科学。我相信，你们现在应该能够理解，为什么有些人愿意投入相当多的时间和精力，去理解并欣赏量子力学这一堪称人类历史上最伟大的智慧成就。

绝对零度
所有热运动完全停止的温度，相当于 -273℃。

受主能级
当杂质原子加入半导体时，平均每个杂质原子比受主原子少一个电子时，就会创造出空白能级。受主能级位于价带上方，可以捕捉电子形成空穴。

α 粒子
由两个质子和两个中子结合而成，α 粒子形成了氦原子的原子核。

振幅
波的最大位移。

原子
原子是所有物质的构成要素。一个原子含有数个电子和一个带正电荷的原子核，原子核所带电荷数值与电子总数相等，但正负相反。

基极
晶体管的中心半导体层。

贝尔定理
隐变量理论的数学证明，其预测与量子力学必须为非局域性的观点相符。

二进制
一种计数系统，由1和0两个数字组成。与此相对的是使用10个数字的十进制。

二进制位
一个用1和0来表示的数值，用来表示二进制数字。

布朗运动
液体中小颗粒的无规则运动，由液体中原子的无规则运动引起。

连锁反应
一个原子核经历裂变时发射中子，引发其他原子核裂变，从而引起的一系列裂变反应。

经典物理学
量子力学出现前用于描述物理现象的一系列理论。

闭壳层
原子中被电子完全填充的能量相似的一组能级。

集电极
晶体管中收集来自基极的载流子的半导体层。

导带
金属或半导体中被部分填充的能带。导带中的电子可自由移动，并携带电流。

能量守恒
根据这个定律，能量既不能被创造，也不能被毁灭，只能从一种形式转变成另一种形式。

库珀对
超导体中结合在一起的一对动量相反的电子。

哥本哈根诠释
量子力学的标准解释，否认无法观测的特性真实存在。

库仑
电荷的标准单位；也是一个形容词，用来描述静电相互作用和电场。

临界电流
在不摧毁超导性的前提下，能够通过超导体或约瑟夫森结的最大电流。

德布罗意方程
物质波的波长等于普朗克常数除以粒子动量的定律。

氘
氢的同位素，其原子核中含有一个质子和一个中子。

施主能级
当平均每个原子含有的电子比受主原子多一个的杂质加入半导体时，就会创造出一系列填充的能级。这些能级位于空白导带的下方，并向空白导带提供电子。

电磁辐射
振动的电场与磁场产生的波可以在空间中传播，比如光波和无线电波。

电子
一种带有一个负电荷的基本粒子。

发射极
晶体管中向基极发射载流子的半导体层。

能隙
金属或半导体中的一种能带，通常不含有能被电子填充的能级。

激发态
除基态以外的任何量子化能级。

费米能
金属中电子填充的最高能级的能量。

核裂变
原子核分裂成碎片，释放能量和中子的过程。

磁通量量子
当磁场穿过一个超导体线圈时，通过线圈的总磁场（磁通量）总是等于整数个磁通量量子。

化石燃料
类似于煤或天然气的燃料。

自由电子
金属中不束缚于任何原子的电子。

核聚变
两个原子核结合在一起并释放能量的过程。

全球变暖
地球大气层整体温度上升。

温室效应
光线穿过温室的玻璃，加热温室内部，温室内部会释放热量，但热量无法穿透玻璃离开温室。由于类似二氧化碳这样的气体的存在，地球大气层中也会发生类似的效应。

基态
量子系统（比如原子）的最低能量状态。

隐变量
尽管无法观测但真实存在的物理量，有人认为隐变量能对量子力学做出合理的解释。

高温超导体
温度超过 20 开尔文时依然具有超导性的材料。

空穴
半导体中的正电荷载流子，当电子从满带或接近满带被移除时出现。

绝缘体
不允许电流通过的物质。

干扰
按照不同路径运动的两个波在一点上结合后的结果。

离子
因为减少或增加一个电子而变为带正电荷或负电荷的原子。

同位素
同属一种元素，但原子核存在区别。同一种元素的同位素含有相同数量的质子，但中子数不同。

约瑟夫森结
被很薄的绝缘层隔开的两个超导体组成的设备，电流在通过这种设备时不会遇到阻力。

焦耳
能量的标准单位。

开尔文
以绝对零度为起点测量温度的标准单位。

千克
质量的标准单位。

动能
与粒子运动有关的能量。粒子质量乘速度的平方的积再除以 2，就是动能。

多重世界理论
一种对量子测量问题的解释，这种理论认为不同的结果在互不干涉的平行世界中共存。

质量
一个物体中物质的数量。

动量
通过粒子的质量和速度计算出的结果。

中子
不带电荷的粒子，质量与质子大致相当，大部分原子核均含有这种粒子。

非局域性相互作用
两个系统间传递的相互作用即时进行，而不需要以光速或低于光速的速度运动。

N 型半导体
载流子主要为带负电荷的电子的半导体。

核子
质子或中子的统称。

原子核
一个质子与中子紧紧束缚在一起的物体，尽管只在原子中占据一小部分空间，但集中了原子的绝大多数质量。

欧姆定律
通过一个电路的电流强度等于电压乘以电阻。

一维
一种模型系统，其中所有运动均沿一条直线运动。

光电效应
被光线照射时，金属会发射电子。

光子
在光束或其他电磁辐射中携带能量量子的粒子。

光电池
一种能将光能直接转化为电能的设备。

普朗克常数
与确定量子化数量有关的一个基本常数。

"PN 结"
一个 P 型半导体和一个 N 型半导体之间的连接，可以让电流只朝一个方向运动。

偏振
电磁波电场的方向。

势能
与场有关的能量，比如引力场或电场。

质子
带有一个正电荷的粒子，其电荷数值与电子相等，但正负相反，质量约为一个电子质量的 2000 倍。

P 型半导体
载流子主要为正电荷空穴的半导体。

量子计算
利用量子力学原理进行某种类型的计算，速度比传统计算机快很多。

量子加密
利用量子力学原理为信息加密。

量子隧穿
在量子隧穿过程中，因为波粒二象性原

理，一个粒子可以穿透经典物理学认为无法穿透的势垒。

量子比特
一种量子物质，可以存在于两种状态之一，也可以存在于由两种状态组成的叠加态中。

电阻器
一种可以阻断电路中电流的设备，遵循欧姆定律。

"薛定谔的猫"
一种状态的名称。在这种状态下，按照量子力学原理的预测，一只猫可能处于活着和死亡的叠加态。

薛定谔方程
在量子力学中用来计算波函数的基本方程。

屏蔽
金属阻止电场穿透自身的性质。

半导体
一种电子结构与绝缘体类似、但能隙更小的物质。

自旋
电子和其他基本粒子具有的性质，这些粒子会以一个轴线为中心旋转。与经典物理学上的旋转不同，自旋的幅度永远保持不变，而且与测量方向要么平行，要么反向平行。

SQUID
即"超导量子干涉仪"。其中的电路含有

两个约瑟夫森结，可以非常准确地测量磁场。

驻波
局限在一个空间区域内的波。

超导体
一种对电流不产生任何阻力的物质。

叠加态
由两种或更多种状态组成的量子态。

晶体管
由三个半导体（发射极、基极和集电极）组成的设备。注入基极的电流决定了从发射极通往集电极的电流大小。

行波
可以在空间中自由运动的波，这种波的速度取决于波的性质。

海森堡不确定性原理
量子系统的性质，诸如位置和动量这样的物理性质不能同时得到准确测量。

晶胞
晶体的基本组成部分，由一些（通常数量很少的）原子组成。

价带
金属或半导体中通常得到完全填充的能级带。如果电子从价带上移除，就会制造出带电流的空穴。

矢量
一个朝特定方向运动的量，比如速度、作用力或者动量。

速度
朝一个方向运动的物体的速率。

电压
能够驱动电流在电路中运动的电池或相似设备具有的性质。

波函数
一种数学函数，类似于波，表示的是粒子的量子性。任意一点波函数的平方，等于在这一点找到粒子的概率。

波长
波的重复距离。

波粒二象性
量子系统的一种性质，结合了经典粒子和经典波的性质。

未来，属于终身学习者

我这辈子遇到的聪明人（来自各行各业的聪明人）没有不每天阅读的——没有，一个都没有。巴菲特读书之多，我读书之多，可能会让你感到吃惊。孩子们都笑话我。他们觉得我是一本长了两条腿的书。

——查理·芒格

互联网改变了信息连接的方式；指数型技术在迅速颠覆着现有的商业世界；人工智能已经开始抢占人类的工作岗位……

未来，到底需要什么样的人才？

改变命运唯一的策略是你要变成终身学习者。未来世界将不再需要单一的技能型人才，而是需要具备完善的知识结构、极强逻辑思考力和高感知力的复合型人才。优秀的人往往通过阅读建立足够强大的抽象思维能力，获得异于众人的思考和整合能力。未来，将属于终身学习者！而阅读必定和终身学习形影不离。

很多人读书，追求的是干货，寻求的是立刻行之有效的解决方案。其实这是一种留在舒适区的阅读方法。在这个充满不确定性的年代，答案不会简单地出现在书里，因为生活根本就没有标准确切的答案，你也不能期望过去的经验能解决未来的问题。

而真正的阅读，应该在书中与智者同行思考，借他们的视角看到世界的多元性，提出比答案更重要的好问题，在不确定的时代中领先起跑。

湛庐阅读App：与最聪明的人共同进化

有人常常把成本支出的焦点放在书价上，把读完一本书当作阅读的终结。其实不然。

时间是读者付出的最大阅读成本

怎么读是读者面临的最大阅读障碍

"读书破万卷"不仅仅在"万"，更重要的是在"破"！

现在，我们构建了全新的"湛庐阅读"App。它将成为你"破万卷"的新居所。在这里：

● 不用考虑读什么，你可以便捷找到纸书、电子书、有声书和各种声音产品；

● 你可以学会怎么读，你将发现集泛读、通读、精读于一体的阅读解决方案；

● 你会与作者、译者、专家、推荐人和阅读教练相遇，他们是优质思想的发源地；

● 你会与优秀的读者和终身学习者为伍，他们对阅读和学习有着持久的热情和源源不绝的内驱力。

下载湛庐阅读App，
坚持亲自阅读，
有声书、电子书、阅读服务，
一站获得。

CHEERS

本书阅读资料包
给你便捷、高效、全面的阅读体验

图书在版编目（C I P）数据

　人人都该懂的量子力学 / （英）阿拉斯泰尔·雷
（Alastair Rae）著；傅婧瑛译. -- 杭州 ：浙江教育出
版社，2023.1
　　ISBN 978-7-5722-5159-7

　Ⅰ. ①人… Ⅱ. ①阿… ②傅… Ⅲ. ①量子力学－研
究 Ⅳ. ①O413.1

中国国家版本馆CIP数据核字(2023)第005266号

上架指导：科普读物 / 量子力学

浙江省版权局
著作权合同登记号
图字:11-2022-403号

人人都该懂的量子力学
RENREN DOU GAI DONG DE LIANGZILIXUE
[英] 阿拉斯泰尔·雷（Alastair Rae） 著

傅婧瑛 译

责任编辑：汪　斌
美术编辑：曾国兴
责任校对：童炜炜
责任印务：刘　建
封面设计：湛庐文化
出版发行：浙江教育出版社（杭州市天目山路 40 号　电话：0571-85170300-80928）
印　　刷：石家庄继文印刷有限公司
开　　本：880mm ×1230mm 1/32
印　　张：7.75　　　　　　　　　　　字　　数：165 千字
版　　次：2023 年 1 月第 1 版　　　　印　　次：2023 年 1 月第 1 次印刷
书　　号：ISBN 978-7-5722-5159-7　　定　　价：69.90 元

如发现印装质量问题，影响阅读，请致电 010-56676359 联系调换。